春华秋实又一年

兰州畜牧与兽药研究所工作年报（2014）

杨志强　赵朝忠　主编

中国农业科学技术出版社

图书在版编目（CIP）数据

春华秋实又一年：兰州畜牧与兽药研究所工作年报.2014 / 杨志强，赵朝忠主编 . —北京：中国农业科学技术出版社，2017.1
　ISBN 978 - 7 - 5116 - 2964 - 7

　Ⅰ.①春⋯　Ⅱ.①杨⋯②赵⋯　Ⅲ.①畜牧学 – 文集②兽用药 – 文集
Ⅳ.①S81 – 53②S859.79 – 53

中国版本图书馆 CIP 数据核字（2016）第 325259 号

| 责任编辑 | 闫庆健 |
| 责任校对 | 李向荣 |

出 版 者	中国农业科学技术出版社
	北京市中关村南大街 12 号　邮编：100081
电　　话	（010）82106632（编辑室）　　（010）82109702（发行部）
	（010）82109709（读者服务部）
传　　真	（010）82106650
网　　址	http://www.castp.cn
经 销 者	各地新华书店
印 刷 者	北京科信印刷有限公司
开　　本	787 mm×1 092 mm　1/16
印　　张	10.5
字　　数	220 千字
版　　次	2017 年 1 月第 1 版　2017 年 1 月第 1 次印刷
定　　价	50.00 元

《春华秋实又一年

兰州畜牧与兽药研究所工作年报（2014）》

编辑委员会

主　　　任　　杨志强

副　主　任　　刘永明　　张继瑜　　阎　萍

委　　　员　　赵朝忠　　王学智　　杨振刚　　肖　堃
　　　　　　　董鹏程　　高雅琴　　李建喜　　李剑勇
　　　　　　　时永杰　　苏　鹏

主　　　编　　杨志强　　赵朝忠

副　主　编　　陈化琦　　王学智　　曾玉峰　　杨振刚
　　　　　　　荔　霞　　肖　堃　　巩亚东　　张小甫
　　　　　　　符金钟

参加编辑人员　周　磊　　席　斌　　吴晓睿　　刘丽娟
　　　　　　　杨　晓　　邓海平　　张　梅　　赵　博

说　明

（一）本年度工作年报共设 8 个栏目，分别是：研究所工作报告、科研管理、人才队伍建设、条件建设、党的建设与文明建设、规章制度、大事记、职工名册。

（二）本年度工作年报的编写得到各部门大力支持，特别是职能部门的通力合作，在此表示诚挚的感谢。

（三）由于我们水平有限，错误或不妥之处在所难免，恳请大家批评指正。

目　　录

第一部分　研究所工作报告

在创新工程的引领下，全力推进研究所各项事业可持续发展

2014 年是"十二五"国家科技计划执行的关键一年，也是研究所全面实施农业科技创新工程的第一年。在农业部、中国农业科学院的坚强领导和亲切关怀下，研究所班子带领广大职工认真学习贯彻党的"十八大"、十八届三中、四中全会精神和习近平总书记系列讲话精神，扎实开展党的群众路线教育实践活动，践行社会主义核心价值观，充分发挥农业科技创新工程的引领作用，以研为本，全面发展，圆满完成了既定的年度工作任务。

一、科技创新工程

中国农业科学院科技创新工程是国家三大创新工程之一。2014 年在研究所成功进入中国农业科学院科技创新工程第二批试点单位以后，为充分发挥创新工程对科研的引领作用，按照院创新工程实施方案的要求，全面启动和实施科技创新工程。研究所对进入科技创新工程的"牦牛资源与育种""兽用化学药物""奶牛疾病""兽用天然药物"等 4 个科技创新团队，进一步明晰学科发展定位，凝练学科方向，突出优势特色，调整优化创新团队，完善科技平台和实验基地建设，制定了《中国农业科学院兰州畜牧与兽药研究所科技创新工程任务书》《中国农业科学院兰州畜牧与兽药研究所科技创新工程实施方案》《中国农业科学院兰州畜牧与兽药研究所试点期绩效任务书》。构建创新工程配套制度体系，修订了《中国农业科学院兰州畜牧与兽药研究所奖励办法》《中国农业科学院兰州畜牧与兽药研究所科研人员岗位业绩考核办法》《中国农业科学院兰州畜牧与兽药研究所管理服务开发人员业绩考核办法》等规章制度，有效发挥了对改革的撬动作用，激发了全所干部职工改革创新的热情。年初，统筹安排中国农业科学院科技创新工程第三批申报科技创新工程团队工作，以学科体系为主线，突出专业优势和特色，组建了"兽药创新与安全评价""中兽医与临床""细毛羊资源与育种""寒生旱生牧草新品种选育"等 4 个科技创新团队。在各方通力合作、精心组织和有力推动下，研究所 2014 年申报的 4 个科技创新团队入选中国农业科学院科技创新工程第三批创新团队。至此，形成了独具特色和优势的 8 个院级科技创新团队，为研究所实现跨越式发展和建设世界一流研究所奠定了坚实的基础。

二、科研工作

2014年，在院科技创新工程的引领下，协调力量，统筹资源，积极争取科研课题，全面执行各项科研任务，取得了可喜的成绩。

科研立项取得突破。研究所根据现代农业科研院所建设行动方案，认真分析学科发展趋势，积极组织申报各级各类科研项目，先后撰写科研项目申报书或建议书218份，获得资助79项，合同总经费5 569.5万元，到所总经费3 069.5万元。获资助项目数较2013年增加7项，合同总经费增加414.5万元。"十二五"国家科技支撑计划项目"新型动物专用化学药物的创制及产业化关键技术研究"已获得立项，预算经费2 500万元。获得资助的项目有国家自然科学基金6项、公益性行业专项课题1项、院科技创新工程项目4项、农业部现代农业产业技术体系项目4项、948计划1项、农产品质量安全监管专项1项、农业成果转化项目1项、农业行业标准3项、院基本业务费增量项目1项、中央级基本科研业务费项目41项、甘肃省科技支撑计划1项、甘肃省中兽药工程技术研究中心评估专项经费1项、甘肃省农牧渔业新品种新技术引进推广项目1项、甘肃省农业生物技术研究与应用开发项目4项、甘肃省农业科技创新项目2项、甘肃省农牧厅人工种草专项1项、甘肃省牧草区域试验项目1项、甘肃省青年基金4项、甘肃省自然基金2项、甘肃省地方标准2项和横向委托项目9项。值得一提的是，2014年研究所在国家自然科学基金申请立项上取得了新进展，申报20项，获得资助6项，并首次获得国家自然科学基金国际合作项目。

在研项目进展顺利。2014年研究所承担各级各类科研项目173项，合同经费12 086.5万元，到位经费8 065.25万元，较2013年分别增长10.2%、12.8%和39.1%。所有项目均按照年度计划和项目任务的要求扎实推进，进展良好。国家科技基础性工作专项"传统中兽医药资源抢救和整理"，建成了中兽医药陈列馆，建立中兽医药资源共享数据平台，展出腊叶标本656份，瓶装标本704份，浸制标本102份，收集中兽医药器具100余件，书籍300余种；收集中兽医药物志、中兽医疾病诊疗技术、诊疗经验、经方验方集等60余册，其中古典书籍25册；收集整理中药图像标本150余幅，各种中药标本资料130余条；收集整理小型针灸模型23个，中兽医针灸挂图45幅；收集整理中兽医专家名人文字与图像资料100条；收集整理中兽医经验方、诊疗经验及中草药栽培技术等信息1 500余条；发表学术论文5篇，获得国家发明专利2项。国家科技支撑计划"甘肃甘南草原牧区'生产生态生活'保障技术集成与示范"项目，建立牦牛核心群，优化畜种结构，繁育优良牦牛公牛20头，母牛630头；培训牧民100人次，在示范区发放冬春季牦牛补饲料5吨，矿物盐营养添砖4吨，开展牦牛冬季暖棚饲养技术示范；建立饲草轮供体系和饲草生物防治优化体系示范区3个，总面积达1 000亩；开展养殖基地牛羊包虫病及家牧犬绦虫病的感染情况调查，投放驱虫药物2万头次；建立了牛羊犬包虫病ELISA试剂盒检测方法；申请1项发明专利，获2项实用新型专利，发表文章6篇。该项目为探索甘南牧区生产生态生活体系优化模式，为地方经济发展和生态环境保护提供了科技支撑。

科技成果成绩喜人。2014年研究所在新兽药证书、牧草新品种、国家标准、软件著作权、SCI 论文、专利授权和成果转化等方面较上年均有显著提升。全年申报各级政府奖励 14 项，获得科技成果奖 8 项。作为第一完成单位有 4 项成果获奖，分别是："牦牛选育改良及体质增效关键技术研究与示范"获甘肃省科技进步二等奖，"牛羊微量元素精准调控技术研究与应用"获甘肃省科技进步三等奖，"奶牛乳房炎联合诊断和防控新技术研究及示范"获甘肃省农牧渔业丰收一等奖，"重金属镉/铅与喹乙醇抗原合成、单克隆抗体制备及 ELISA 检测技术研究"获中国农业科学院技术发明二等奖。作为第二完成单位有 4 项成果获奖，分别是："河西走廊牛巴氏杆菌病综合防控技术研究与推广"获甘肃省科技进步二等奖和甘肃省农牧渔业丰收一等奖，"鸽 I 型副粘病毒病胶体金免疫层析快速诊断试剂条的研究与应用"获甘肃省农牧渔业丰收二等奖，"肃北县河西绒山羊杂交改良技术研究与应用"获酒泉市科学技术进步奖。取得"陇中黄花矶松"和"航苜 1 号紫花苜蓿"2 个甘肃省草品种证书。制订的"西藏羊"和"河西绒山羊"2 项国家标准发布。获得 8 项软件著作权授权，分别是："中国动物纤维及毛皮质量评价体系信息管理系统""动物纤维组织结构信息软件""甘肃省牦牛繁育工程重点实验室标识""牦牛高寒低氧适应创新团队标识""青藏高原特色畜种遗传资源保护与利用""牦牛遗传资源与繁育""第五届国际牦牛大会"和"农业部兰州黄土高原生态环境重点野外科学观测试验站标志"。研究所全年发表论文 142 篇，其中 SCI 收录 34 篇（最高影响因子 5.614，影响因子 3 以上文章 4 篇），出版著作 22 部，申请专利 190 项，获得授权专利 145 项（其中发明专利 15 项）。

国内外学术交流与合作活跃。2014 年来自德国、西班牙、瑞士、澳大利亚、印度、不丹、尼泊尔、巴基斯坦、吉尔吉斯斯坦和塔吉克斯坦的专家学者 51 人来所访问交流。研究所派出 5 个团 11 人（次），先后出访美国、加拿大、肯尼亚、澳大利亚和西班牙等 5 个国家，参加国际学术会议，开展合作交流与技术培训。研究所先后邀请军事医学科学院、中国兽医药品监察所、国家千人计划、美国农业部农业科学研究院蔬菜与饲料研究所等单位的著名专家学者来所做学术报告，组织学术报告会 6 场，有 16 人次为研究所做学术报告。研究所有 125 人次参加了全国或国际学术交流大会。成功主办了第五届国际牦牛大会，来自中国、德国、美国、印度、尼泊尔、巴基斯坦、瑞士、不丹、吉尔吉斯斯坦、塔吉克斯坦等 10 个国家的 200 多位专家学者和企业家参加了此次会议。大会围绕牦牛产业可持续发展、环境气候变化、遗传育种、牦牛放牧管理系统、生殖生理等主题进行了广泛的学术交流，为从事牦牛研究的专家学者、技术推广人员、生产经营者等提供了展示科技成果和促进合作的平台。承办了"中国畜牧兽医学会兽医药理毒理学分会 2014 年常务理事会"，来自中国兽医药品监察所、中国农业大学、华南农业大学、华中农业大学、吉林大学、南京农业大学等院所和相关企业的 60 余位代表参加了会议。

2014 年，研究所紧密围绕农业部"两个千方百计、两个努力确保、两个持续提高"战略目标，结合承担的科研项目，积极开展畜牧科技服务，为促进畜牧业增产增效和加快现代畜牧业转型升级提供科技支撑。先后与青海、甘肃、四川等地方政府和企业签署科技合作协议 6 份，在甘肃、青海、西藏自治区等省区的 10 余个县市举办"牦牛藏羊冬季饲养管理技术""牦牛选育技术""机械剪毛及羊毛分级技术""牦牛藏羊养殖技术培训""牦牛生产性能测定技术""牦牛科学养殖与生产""甘肃省规模化奶牛场经营管理技术""奶牛金钥匙技术示范现场会""牧草品种鉴定技术交流"等培训活动9次，培训农牧民和技术人员1 200人次，发放技术资料760余册。

研究所积极响应甘肃省委号召，继续开展"联村联户，为民富民"行动，修订了五年帮扶规划，制订了年度计划。先后有8批35人（次）赴甘南州临潭县新城镇联系村开展双联行动。筹资5.4万元，在肖家沟村文化广场安装6盏太阳能路灯，制作"双联"行动"连心井"标示牌，举办牛羊高效养殖技术培训班，参与编写临潭高原绿色食品厂小杂粮方便食品加工项目可行性报告。推荐申报的南门河村牲畜交易市场建设项目，已获甘肃省商务厅立项，资助经费40万元。研究所被甘肃省委双联办评为2013年度优秀单位。

三、开发工作

科技成果转化取得新进展。研究所积极与企业开展科技合作，转让成果4项，合同转让费330万元，到位经费116.81万元。

房产经营力度不断提升。修订相关管理制度，加强人性化管理，坚持工作例会与员工沟通；在总台安装POS机，在大厅安装ATM机，为研究所职工和客人提供便利，提高了服务水平和质量；继续做好停车场管理，新划设停车位，增加停车位14个，硬化停车场门口路面，维修了车场地感线圈，加强车场安全巡查工作，确保安全经营。全年平均入住率为79.16%，房屋出租率为100%，房产经营总收入808万元，纯收入549万元，超额完成了年度经济目标任务。

药厂在维护好原有市场的同时，努力开拓新市场。强力消毒灵全年政府采购117.37吨。"兰州隐性乳房炎诊断液"销售稳步推进，全年销售诊断液977.3件。驱虫药全年销售1 096件，石蜡油销售1 213件，清宫液销售441件。预混合饲料添加剂全年销售126.3吨。全年完成销售总额322万元，上缴利润85万元，超额完成目标任务。申报兽药批准文号21个，争取甘肃省农牧厅科技项目1项。

四、人才队伍和科研平台建设

按照学科建设需要，研究所制订了工作人员年度招录计划，发布网上招聘信息，通过资格审查、面试、笔试等环节，新招录博士2名，硕士2名。研究生培养方面，招收中国农业科学院研究生15名，其中博士生3名。与甘肃农业大学联合招收硕士研究生4名。有18名博士和硕士研究生（其中2名博士留学生）顺利通过毕业论文答辩。目前在所研究生数量为44人，其中博士生8人，国外留学生3人。制定了《兰州畜牧与兽药研究所博士后管理办法》，招收2名博士后、1名联合培养博士后，另有1名外籍博士正在申请进站，实现了研究所博士后招收培养工作零的突破。完成正高2名、副高4名、中级2名和初级1名的专业技术职务评审和推荐工作。

推荐2014年享受政府特殊津贴人员2人、2014年"青年拔尖人才"2名、2014年中青年科技创新领军人才2名、全国新闻出版行业第四批领军人才1名、全国优秀科技工作者1名、全国知识产权领军人才1名、国家百千万人才1名，为研究所优秀人才脱颖而出提供平台。完成 1 名中国农业科学院"西部之光"访问学者的考核工作，接收"西部之光"访问学者 1 名。选派 2 名职工参加了中国农业科学院组织的科技团队管理者研讨班。组织 4 名职工参加了中国农业科学院首届支撑人才岗位技能竞赛集训及竞赛活动。按照科技部和甘肃省的要求，研究所选派 11 名优秀科技人员参加三区（边远贫困地区、边疆民族地区和革命老区）人才专项工作。

科技平台建设取得新突破。2014 年，各创新团队积极与国内外科研单位际合作，共同搭建合作平台。本年度研究所分别与澳大利亚谷河家畜育种公司和西班牙海博莱公司签订了建立"中澳细毛羊育种实验室"和"中西动物疫病无抗防治技术研究与应用实验室"的合作协议。细毛羊资源与育种团队申请的"中国农业科学院工程技术研究中心羊育种工程技术研究中心"建设方案已上报院科技局。SPF 级标准化动物实验室通过了甘肃省年检。"甘肃省新兽药工程重点实验室""甘肃省牦牛繁育工程重点实验室"和"甘肃省中兽药工程技术研究中心"运行情况良好，并分别通过验收或中期评估。

五、条件建设与管理服务

条件建设再创佳绩。张掖基地经农业部批准，成为 6 个院属基地和全国 100 个国家农业科技创新与集成示范基地之一。完成《中国农业科学院试验基地建设项目初步设计及概算》编报，已批准立项，总经费 2 180 万元。"兽用药物创制重点建设项目"获准立项，总经费 825 万元。完成了 2015 年修购专项申报及中介评审，获批修购项目 2 项，分别是：中国农业科学院前沿优势项目"牛、羊基因资源发掘与创新利用研究仪器设备购置"和"药物创制与评价研究仪器购置"，经费 1 201.50 万元。综合实验室建设项目通过中国农科院组织的竣工验收。利用 2012 年度仪器设备购置项目结余资金补充购置仪器设备 4 台（套），总价 36.67 万元。2013 年度修缮购置专项"张掖、大洼山综合试验站基础设施改造项目"，本年度完成总投资 663.28 万元，完成张掖试验站基础设施改造工程收尾工作；大洼山锅炉煤改气工程完成了锅炉房改扩建、锅炉设备安装和庭院燃气管道铺设。2014 年度修缮购置专项"所区大院基础设施改造项目"，本年度完成总投资 604.05 万元，铺设雨水、污水管网 3 441 m，铺设混凝土路面 5 821 m²，维修改造围墙 1 000 m，新建化粪池 2 个共 150 m³。该项目已通过初步验收。承办了中国农业科学院 2014 年基本建设现场培训交流会，来自农业部直属三院和部分高校从事基本建设工作的 73 名代表参加了会议，此次会议展示了研究所基础建设工作的成效。

管理能力明显提高。管理服务部门人员不断加强学习，提高管理水平，认真履行岗位职责。在行政管理上，制定和修订了《中国农业科学院兰州畜牧与兽药研究所招待费管理办法（试行）》《中国农业科学院兰州畜牧与兽药研究所信息传播工作管理办法》《中国农业科学院兰州畜牧与兽药研究所科研经费信息公开实施细则》《中国农业科学院兰州畜牧与兽药研究所干部人事档案管理办法》《中国农业科学院兰州畜牧与兽药研究所博士后工作管理办法》《中国农业科学院兰州畜牧与兽药研究所编外用工管理办法》《中国农业科学院兰州畜牧与兽药研究所工作人员年度考核实施办法》等。紧紧围绕科技创新工程的实施，突出重点，加强策划，大力宣传研究所科技创新的新进展、新成就、新举措，人民网、中国网、新华网等大型门户网站和《光明日报》《农民日报》

《工人日报》《中国科学报》《中国妇女报》等国家级和省部级报刊发表有关研究所宣传报道27篇，取得了新突破。农业部官网首次刊登研究所新闻报道稿3篇。院媒刊发研究所稿件58篇。所网发布新闻稿件162篇。完成研究所英文网站建设，成为中国农科院科技创新工程第二批试点研究所中第一个完成英文网站建设的研究所。编印研究所《工作简报》12期，主办宣传栏12期，及时准确地向院领导和全所职工通报研究所的工作进展。通过宣传，扩大了研究所的影响，激发了职工的正能量。在科研管理上，通过申报动员、交流座谈、实施论证、定期检查和评审验收等多种方式，确保项目成功立项和顺利实施，为科技人员提供服务和支持。在财务与资产管理上，严格执行财务管理制度，加强财务内控，保证原始单据的合法、规范，报销的原始单据实行双人审核，确保资金安全。在经费预算进度执行上，从严要求，保进度，保质量，保安全，全年预算执行进度达95%。在人事劳资管理上，按照相关文件精神，为全所职工发放了津补贴和艰苦边远津贴。在基地管理上，管理和维护试验地和田间水渠、道路、灌排设施和林网等基础设施、试验仪器设备，配合研究所各课题组在大洼山基地的各类科研试验，确保科学实验及观测的顺利进行。抓好绿化造林与护林防火工作，全年未发生重大火情事故。初步完成了张掖综合试验基地的规划，并争取到院规划专项经费40万元。在离退休职工管理上，举办了离退休职工迎新春茶话会及欢度重阳节活动。探望生病住院职工60人次，给48位80岁以上离退休职工送生日蛋糕、生日贺卡。在安全管理上，积极开展安全生产教育活动，全所职工集体观看了警示教育片，举办了安全知识讲座，在宣传栏和电子显示屏宣传防灾应急知识，召开安全生产专题会6次，进行安全生产检查2次，消除了安全隐患。安排好节假日和全所集体休假的值班，与相关责任部门和责任人签订了安全生产责任书。严格车辆管理，年内未发生安全生产事故。在后勤管理上，继续绿化美化大院环境，定期对大院草坪、乔灌木进行修剪、整形、浇水和施肥，全年补种、栽植草坪 1 500m²，移种、补栽各种花木 2 060 株。

六、党的工作与文明建设

按照研究所年度工作目标，认真部署、组织开展党员干部职工学习教育工作，为研究所发展提供思想保证。在思想建设、廉政建设、文明建设、工青妇与统战工作等方面精心组织，狠抓落实，为研究所各项工作的顺利进行提供了有力的保障。

加强理论学习。制定了《中国农业科学院兰州畜牧与兽药研究所2014年党务工作要点》和《中国农业科学院兰州畜牧与兽药研究所2014年职工学习教育安排意见》，对研究所学习教育活动进行了安排，确保学习教育活动有序开展。组织全所干部和职工重点学习了党的"十八大"、十八届三中、四中全会文件和习近平总书记系列讲话精神，大力宣讲社会主义核心价值观，贯彻部院会议精神、廉政建设、科研经费管理、创新工程建设等政策规定。年内召开所中心组学习会议4次。集中观看了《推进社会事业改革创新》和《三中全会之政府改革——新思想、新观点、新论述》两个学习专题辅导视频报告。邀请中共甘肃省委党校专家做十八届四中全会精神学习的辅导报告。研究所结合群众路线教育实践活动，制定了教育实践活动整改落实"两方案一计划"，部署整改落实工作，并取得了明显成效。研究所在中国农业科学院群众路线教育实践活动总结大会上作了典型发言。

加强组织建设，完成了对党支部设置调整，进行了换届选举。全年发展党员 1 名，转正党员 2 名。开展了中国农业科学院 2012—2013 年度"两优一先"评选推荐工作，1 人获"中国农业科学院优秀党务工作者"称号，1 人获"中国农业科学院优秀共产党员"称号。

加强廉政建设。制定了《中国农业科学院兰州畜牧与兽药研究所 2014 年党风廉政建设工作要点》，《中国农业科学院兰州畜牧与兽药研究所"三重一大"决策制度实施细则》、《中国农业科学院兰州畜牧与兽药研究所科研经费信息公开实施细则》。通过全所职工大会、专题学习会议、观看辅导视频报告等形式，学习廉政规定和相关政策。先后组织召开廉政建设学习会 4 次，学习农业部廉政建设警示教育大会精神、2014 年中国农科院党风廉政建设会议精神、《国务院关于加强中央财政科研项目和资金管理的若干意见》，观看警示教育片，听取中国农科院监察局关于科研经费管理政策及违规案例宣讲，组织有关领导和重大项目主持人参加院监察局开展的科研经费信息公开情况调研活动。通过学习教育，进一步强化了法制意识和红线意识。继续加强廉政监督工作，研究所分别与部门或个人签订廉政建设责任书 50 余份。

发挥工青妇和统战作用。所工会组织开展了以科研工作和职工生活为主要内容的首届职工摄影作品评选活动，评选出优秀作品 12 幅。为推动职工健身运动，丰富文化生活，开设了乒乓球场。组建了研究所志愿者服务队伍，组织青年职工参加了学雷锋志愿服务卫生清扫活动。统战工作有序开展。参加甘肃省委统战部召开的相关会议和业务培训。积极支持九三学社中兽医支社和民盟牧药所支部的工作，充分发挥民主党派作用，配合民盟牧药所支部完成了换届选举工作。

积极开展文明创建活动。举办了庆祝"三八"妇女节登山比赛、庆祝"五四"青年节"我爱研究所，攀登大洼山"、"践行核心价值观，创新奉献谋发展"征文暨演讲比赛、研究所第八届职工运动会、离退休职工参观大洼山等一系列活动，活跃了职工文化生活。评选出文明处室 2 个、文明班组 5 个、文明职工 5 名。坚持开展每月一次的全所卫生评比活动，努力构建美丽宜居的科研创新环境。积极申报全国文明单位，并已顺利通过甘肃省文明办组织的全国文明单位创建测评组的评审。

2014 年，研究所在建设世界一流科研院所的征程中又迈出了有力而坚实的一步。但是，我们也清醒地认识到发展中还存在的一些问题。主要表现在：人才队伍建设中缺乏高层次有影响的科研领军人才，科技创新团队首席科学家严重不足；科学研究突破性进展不明显，苗头性重大成果较少；科技开发缺乏有市场竞争力的新产品，市场面窄，发展后劲面临不少困难。这些问题在一定程度上影响了研究所的可持续发展和服务三农能力的提升。

七、2015 年工作计划

2015 年是科技创新工程试点深入推进的一年，也是完成"十二五"规划收官的一年。研究所将在部、院党组的领导下，认真贯彻落实党的十八届四中全会和习近平总书记系列讲话精神，紧紧围绕现代农业科研院所建设行动，以科技创新工程为抓手，瞄准学科前沿，突出特色优势，以只争朝夕的精神，凤凰涅槃的勇气，着力推进新一年的工作，力求在科技创新、管理机制、人才队伍建设、科技平台建设、党建和文明建设等方面上取得新的进展。

（一）根据中国农科院的部署和要求，按照试点期的目标任务，进一步优化创新团队，完善创新工程配套制度，扎实推进研究所科技创新工程，认真做好"十三五"规划。

（二）继续抓好科研工作。认真做好科技项目的储备和申报工作，加大国际合作和国家自然基金项目申报力度。确保科研项目的顺利实施，加强科研计划任务执行的服务、监督和检查工作，强化科研经费管理。做好基本科研业务费项目的绩效考评工作。继续抓好科研项目的结题验收和总结，申报科技成果奖 3~5 项，申报专利 80 个，申报新兽药 1~2 个。发表 SCI 论文 40~50 篇，出版著作 5~8 部。

（三）进一步加强所地、所企科技合作，大力促进科研成果转化，争取创收有新突破。围绕服务三农和甘肃省"双联"活动，大力开展农业技术培训和科技下乡、科技兴农、联村联户等工作。

（四）加强与国内外高等院校和科研院所的科技合作，开展学术活动 12 次以上。

（五）加强科技创新团队人才建设和加强中青年科技专家的培养。做好 2015 年硕士、博士招聘录用工作。做好 2014 年晋升技术职务人员聘任及 2015 年技术职务评审推荐工作。加强研究生管理，做好研究生、博士后和留学生的招收与培养工作，积极开展研究生 seminar 活动。

（六）完成"张掖试验基地建设项目"和"兽用药物创制重点实验室建设项目"年度建设任务。完成中国农业科学院前沿优势项目"牛、羊基因资源发掘与创新利用研究仪器设备购置"和"药物创制与评价研究仪器购置"项目。预算执行进度达 90%以上。按农科院要求，完成 2012、2013 年度修购项目验收。

（七）根据中国农科院研究所评价体系要求，进一步完善各类人员的绩效考核办法和奖励办法。严格劳动纪律，加强出勤考核。加强财务管理，严格执行财务预算进度。大力推进所务公开。进一步抓好安全生产工作。

（八）加强党的建设，强化理论学习教育。继续深入开展创先争优活动和群众性文明创建活动，推进创新文化建设，营造良好的科技创新氛围。强化廉政教育，继续加强廉政防控机制建设，做好纪检、监察及信访工作。抓好工会、统战和妇女工作。

第二部分　科研管理

一、科研工作总结

2014 年是研究所农业科技创新工程试点单位全面实施的重要时期，是"十二五"国家科技计划工作的关键一年，展望"十三五"科技工作的创新发展，任重而道远。本年度在全所科技人员的辛勤努力下，不断开拓进取，奋发有为，硕果累累。现将 2014 年度科研工作从计划管理、科技立项、成果、平台建设、学术交流、科技兴农与科技服务和研究生管理等方面总结如下。

（一）科研计划管理

1. 组织申报各级、各类科技项目

先后撰写并推荐科研项目申报书或建议书 218 项，获得科研资助项目 79 项，合同经费 5 569.5 万元，其中落实科研总经费 3 069.5 万元，"十二五"国家科技支撑计划项目"新型动物专用化学药物的创制及产业化关键技术研究"通过科技部答辩，已获得立项，预算经费 2 500 万元。2014 年研究所在国家自然科学基金立项上取得新进展，申报 20 项，获得 6 项资助，其中国际（地区）合作与交流项目 1 项，面上项目 1 项，青年科学基金项目 4 项，立项数量和经费总量上取得了新的突破，首次获批国家自然科学基金国际合作项目，经费 200 万元。

2014 年已获资助的科研项目：国家自然科学基金项目 6 项，经费 384 万元；公益性行业专项项目及课题 1 项，经费 159 万元；院科技创新工程项目 4 项，经费 613 万元；农业部现代农业产业技术体系项目 4 项，经费 280 万元；948 计划项目 1 项，经费 80 万元；农产品质量安全监管专项 1 项，经费 55 万元；农业成果转化项目 1 项，经费 60 万元；农业行业标准项目 3 项，经费 17.5 万元；基本业务费增量项目 1 项，经费 30 万元；中央级基本科研业务费项目新上 28 项，滚动 13 项，经费 630 万元；甘肃省科技支撑计划项目 1 项，经费 18 万元；甘肃省中兽药工程技术研究中心评估专项经费 1 项，经费 20 万元；甘肃省农牧渔业新品种新技术引进推广项目 1 项，经费 15 万元；甘肃省农业生物技术研究与应用开发项目 4 项，经费 40 万元；甘肃省农业科技创新项目 2 项，经费 20 万元；甘肃省农牧厅人工种草专项 1 项，经费 10 万元；甘肃省牧草区域试验项目 1 项，经费 15 万元；甘肃省青年基金项目 4 项，经费 8 万元；甘肃省自然基金项目 2 项，经费 6 万元；甘肃省地方标准项目 2 项，经费 2 万元；横向委托项目 9 项，经费 607 万元。

2. 科研计划项目顺利实施

2014 年研究所共承担各级各类科研项目 173 项，合同经费 12 086.5 万元，已到位经费 8 065.25 万元。包括国家自然科学基金 13 项、公益性行业专项项目课题及子课题 20 项、科技基础性工作专项项目 7 项、国家科技支撑计划课题及子课题 11 项、农业部现代农业产业技术体系项目 4 项、院科技创新工程 1 项、973 计划子课题 1 项、863 计划子课题 1 项、948 计划 1 项、农产品质量安全监管专项 1 项、科研院所技术开发研究专项资金 1 项、农业科技成果转化项目 2 项、农业行业标准 3 项、中央级基本科研业务费项目 41 项、甘肃省科技重大专项 2 项、甘肃省工程中心评估经费 1 项、甘肃省科技支撑计划 4 项、甘肃省国际科技合作计划项目 2 项、甘肃省中小企业创新基金 1 项、甘肃省成果转化项目 1 项、甘肃省技术研究与开发专项计划 1 项、甘肃省杰出青年基金项目 1 项、甘肃省自然基金项目 3 项、甘肃省青年科技基金 6 项、甘肃省农业生物技术研究与应用开发项目 7 项、甘肃省农业科技创新项目 6 项、甘肃省地方标准 2 项、甘肃省农牧渔业新品种新技术引进推广项目 1 项、甘肃省农牧厅项目 2 项、兰州市科技发展计划 4 项、横向委托项目 18 项。所有项目均按照年度计划和项目任务的要求有序推进，进展良好。

3. 院农业科技创新工程试点单位工作全面展开

中国农业科学院科技创新工程是研究所实现跨越式发展的良好契机，我所已于 2013 年成功入选创新工程第二批试点研究所。2014 年在研究所创新工程领导小组的指导下，先后于 3 月份和 7 月份拟定了《研究所院科技创新工程任务书》《研究所院科技创新工程实施方案》《第二批试点研究所试点期绩效任务书》等。并在前期工作基础上，进一步凝练学科、组建科技团队、构建创新管理模式，4 个创新团队按照任务书的计划要求，积极推动团队科研创新研究。组织申报了第三批创新工程科研团队，最终兽药创新与安全评价、中兽医与临床、细毛羊资源与育种、寒生旱生灌草新品种选育 4 个创新团队进入院创新工程。

4. 完善科技管理制度，强化科研计划项目实施的管理

在项目管理方面，通过采取申报动员、交流座谈、实施论证、定期检查和评审验收等多种方式，确保项目成功立项和顺利实施，为科技人员开展科研提供服务和支持。修订了《研究所科研人员岗位业绩考核办法》和《研究所奖励办法》，强调科研产出，推动研究所农业科技创新。1 月 23 日，阎萍研究员主持的"十二五"国家科技支撑计划"甘肃甘南草原牧区'生产生态生活'保障技术集成与示范"项目年度工作总结交流会在研究所召开。3 月 1—2 日，由研究所主持的国家公益性行业（农业）科研专项"中兽药生产关键技术研究与应用"2013 年工作总结交流会在广州召开。7 月 6 日，研究所承担的农业部"948"项目"六氟化硫示踪法检测牦牛藏羊甲烷排放技术的引进研究与示范"在兰州通过了农业部科教司组织的专家验收。7 月 18 日，研究所邀请甘肃省科技厅郑华平副厅长等专家就研究所牵头申报的第二批国家科技计划项目"新丝路经济带少数民族地区畜产品优质安全技术与品牌创新模式研究"进行研讨论证。8 月 20 日，杨志强所长在北京签订了中国农业科学院科技创新工程绩效任务书。10 月 29 ~ 30 日，张继瑜研究员主持的"十二五"国家科技支撑计划项目"新型动物专用化学药物的创

制及产业化关键技术研究"通过了科技部组织的专家论证，获得立项。11月4日，研究所召开2015年中央级公益性科研院所基本科研业务费专项资金评审会议，完成了20多项基本科研业务费项目的绩效考评汇报。

5. 科研基本情况的统计与总结

先后完成了2011—2013年研究所科学研究计划简表、2013年研究所学术委员会工作总结、2013年研究所在研重大项目研究进展、2013年国家自然基金项目管理工作报告、2013年国家科技基础条件资源调查、2014年院科技创新工程第2批试点研究所任务书填报审核工作、2014年研究所创新工程实施进展总结、2014年研究所绩效考核工作、2013年科研工作年报、2014年科技工作简报、甘肃省新兽药工程重点实验室、甘肃省牦牛繁育工程重点实验室、甘肃省中兽药工程技术研究中心建设评估工作、农业部兽用药物创制重点实验室年报、中国农业科学院十三五重大需求建议、研究所科研平台自评报告、第三批创新工程科研团队申报、研究所规范管理自查自纠工作报告、2014年研究所科研执行情况总结、2014年研究所科研平台建设运行情况总结、2014年研究所科技兴农情况总结、2014年研究所国际合作工作总结、2014年研究所研究生教育工作总结等材料的撰写工作。完成了研究所实验动物房的实验室检测工作，参加了压力容器操作员上岗培训，完成了动物房相关资料的补充工作。

（二）成果管理

在所领导和广大科技人员的共同努力下，研究所2014年科技成果丰硕，在新兽药证书、牧草新品种、SCI论文、专利授权和成果转化等方面同比均有显著提升。

1. 获奖成果

2014年申报各级政府奖励14项，获得科技成果奖8个，其中"牦牛选育改良及提质增效关键技术研究与示范"获得甘肃省科技进步二等奖，"牛羊微量元素精准调控技术研究与应用"获得甘肃省科技进步三等奖，"奶牛乳房炎联合诊断和防控新技术研究及示范"获得甘肃省农牧渔丰收一等奖，"重金属镉/铅与喹乙醇抗原合成、单克隆抗体制备及ELISA检测技术研究"获中国农业科学院技术发明二等奖。"河西走廊牛巴氏杆菌病综合防控技术研究与推广（第二完成单位）"获得甘肃省科技进步二等奖和甘肃省农牧渔丰收一等奖，"鸽Ⅰ型副粘病毒病胶体金免疫层析快速诊断试剂条的研究与应用（第二完成单位）"获得甘肃省农牧渔丰收二等奖，"肃北县河西绒山羊杂交改良技术研究与应用（第二完成单位）"获得酒泉市科学技术进步奖。

2. 新品种证书、标准、软件著作权

取得"陇中黄花矶松"和"航苜1号紫花苜蓿"2个甘肃省草品种证书，颁布"西藏羊"和"河西绒山羊"2项国家标准，获得"中国动物纤维及毛皮质量评价体系信息管理系统""动物纤维组织结构信息软件""甘肃省牦牛繁育工程重点实验室标识""牦牛高寒低氧适应创新团队标识""青藏高原特色畜种遗传资源保护与利用""牦牛遗传资源与繁育""第五届国际牦牛大会"和"农业部兰州黄土高原生态环境重点野外科学观测试验站标志"8项软件著作权。

3. 论文、专利

2014年，研究所共发表论文140篇，其中SCI收录34篇（最高影响因子5.614，影响因子 3 以上文章 4 篇，共计影响因子 57.665，平均影响因子 1.696），出版著作 21 部，申请专利 190 项，授权专利 144 项，其中发明专利 15 项。

4. 科技成果转化

研究所积极与企业开展科技合作，促进科技成果的转化，先后与河北远征药业有限公司、青岛蔚蓝生物股份有限公司、郑州百瑞动物药业有限公司、江油小寨子生物科技有限公司签订了技术转让合同，合同约定转让费总额为 330 万元。

5. 项目验收

7 月 6 日，"948" 项目 "六氟化硫 SF6 示踪法检测牦牛、藏羊甲烷排放技术的引进研究与示范" 在兰州通过了农业部验收。

11 月 6 日，农业科技成果转化项目 "抗禽感染疾病中兽药复方新药'金石翁芍散'的推广应用" 通过农业部验收，现已完成相关资料的整理工作上报农业部。

12 月 9 日，甘肃省科技重大专项项目 "甘南牦牛藏羊良种繁育基地建设及健康养殖技术集成示范" 和 "防治奶牛繁殖病中药研究与应用"，以及甘肃省科技支撑计划项目 "防治猪病毒性腹泻中药复方新制剂的研制" 和 "牧草航天诱变品种（系）选育"，通过甘肃省科技厅验收。

6. 科技成果申报

（1）申报新兽药

申报 "射干地龙颗粒" 和 "根黄分散片" 两项，目前新兽药 "射干地龙颗粒" 已通过复审，"根黄分散片" 通过初审。

（2）科技成果登记

"陇中黄花矶松" 和 "航苜 1 号紫花苜蓿" 已完成科技成果登记。

（三）科技平台建设

2014 年，研究所科技平台建设工作取得新的突破，在大力推进国际合作的同时，各创新团队积极与国际合作单位推进国际合作平台的建设工作，研究所分别与澳大利亚谷河家畜育种公司和西班牙海博莱公司共同签订了建立 "中澳细毛羊育种实验室" 和 "中西动物疫病无抗防治技术研究与应用实验室" 的合作协议。

细毛羊资源与育种团队申请的中国农业科学院工程技术研究中心 "羊育种工程技术研究中心" 建设方案申请书已上报院科技局，等待评审。

大洼山基地和张掖基地基础建设顺利开展，SPF 级标准化动物实验室通过了年检。

8 月 28 日，甘肃省科技厅派员到研究所对 "甘肃省新兽药工程重点实验室" 和 "甘肃省牦牛繁育工程重点实验室" 运行情况及取得成果进行了调研，并对调研结果提出了改进意见。

（四）研究生培养

2014 年招收中国农业科学院研究生 15 人，其中博士 3 人，与甘肃农业大学联合培养招收硕士研究生 4 人；有 14 名博士和硕士研究生、2 名博士留学生和 2 名专业学位研究生通过论文答辩并毕业；8 名博士研究生和 21 名硕士研究生完成了开题报告和中期考核。目前在所研究生数量为 44 人，其中博士 8 人，留学生 3 人。

4 月 9 日，研究所组织留学生及荷兰客座学生开展学术研讨会。来自荷兰乌德勒支大学兽药学专业的 Eric 和 Susan、伊拉克瓦斯特大学讲师 Ali、伊拉克巴士拉大学讲师 Alaa、坦桑尼亚政府化学实验室研究人员 Peter、苏丹畜牧资源与渔业部兽医 Suliman、埃塞俄比亚 Alage 农业技术和职业教育培训学院讲师 Ashenafi 等分别做了"荷兰畜牧兽医""牛心朴子对家兔血液生化学和组织病理学的影响""胚胎心脏""通过非正式和正式的市场流通含有抗生素残留的牛奶制品对消费者膳食的风险""痰瘀阻滞的研究背景和进展"和"埃塞俄比亚动物育种场和小反刍动物"6 个主题报告。

9 月 3 日，研究所成立了中国农业科学院兰州畜牧与兽药研究所研究生学业奖学金评定委员会，制定了《研究生学业奖学金评选办法》。

（五）学术交流与国际合作

2014 年来自西班牙、澳大利亚、不丹、德国、印度、尼泊尔、巴基斯坦、瑞士、不丹、吉尔吉斯斯坦和塔吉克斯坦专家学者 51 人来所访问交流，派出 5 个团，11 人（次）出访美国、加拿大、肯尼亚、澳大利亚和西班牙等 5 个国家，参加国际学术会议、开展合作交流与技术培训。先后邀请军事医学科学院夏咸柱院士、中国兽医药品监察所段文龙研究员、中国农业科学院千人计划专家张志东博士、美国农业部农业科学研究院蔬菜与饲料研究所于龙溪博士等来所做学术报告。共组织学术报告会 6 场，先后有 16 人次为研究所做学术报告。有 100 多人次参加了全国或国际学术交流大会。

2 月，刘永明研究员赴台湾，与"国立"台湾大学陈明汝教授等进行防治反刍动物营养代谢病及奶牛繁殖障碍疾病研究合作交流。3—6 月，丁学智博士赴国际农业研究磋商组织（CGIAR）下属研究机构国际家畜研究所（ILRI）进行了为期 3 个月的短期合作交流。7 月，时永杰研究员、王晓力副研究员和王春梅助理研究员赴加拿大参加 2014 年北美首蓿改进大会；杨志强研究员、李建喜研究员、王学智副研究员和张景艳助理研究员赴西班牙执行"948"项目"奶牛乳房炎病原菌高通量检测技术与三联疫苗引进和应用"；严作廷研究员和李宏胜研究员赴澳大利亚参加第二十八届世界牛病大会；10 月，李剑勇研究员赴美国参加 2014 年第三届国际毒理学与应用药理学峰会，并做了"基于液质联用技术研究 AEE 在犬体内外的代谢"的大会学术报告。

7 月 25 日，德国畜禽遗传研究所黑诺·尼曼教授和德国吉森大学乔治·艾哈德教授应邀，来所进行为期 3 天的学术交流与访问并分别与研究所签订了科技合作协议。9 月 1 日，不丹农业林业部主管扎西·桑珠教授一行 6 人应邀到研究所交流访问。9 月 20 日，澳大利亚谷河家畜育种公司多尔曼·斯坦教授和安妮·乌兹博士应邀到研究所访问，并与研究所签订了国际科技合作协议。10 月 31 日，西班牙海博莱公司首席执行官卡洛斯一行到研究所访问，并与研究所签订科技合作协议，同时开展"948"项目"奶牛乳房炎病原菌高通量检测技术与三联疫苗引进和应用"的合作研究工作。

承办了"中国畜牧兽医学会兽医药理毒理学分会 2014 年常务理事会"。会议着重研讨了兽医药理毒理学分会的发展和工作方针、汇报总结了 2013 年度分会学术会议财务状况、安排部署了 2015 年度分会学术会议、讨论了理事会换届等相关事宜。来自中国兽医药品监察所、中国农业大学、华南农业大学、华中农业大学、吉林大学、南京农业大学等多所高校、科研院所和相关企业的 60 余位代表参加了会议。

主办了主题为"牦牛产业可持续发展"的第五届国际牦牛大会，来自中国、德国、美国、印度、尼泊尔、巴基斯坦、瑞士、不丹、吉尔吉斯斯坦、塔吉克斯坦等10个国家的200多位专家学者和企业家参加了会议。会议旨在为牦牛研究专家学者、研究生、科技推广人员、动物生产者及经营管理者等提供一个交流平台，展示科研成果，促进合作，进一步推进牦牛特色产业可持续发展。

二、科研项目执行情况

黄土高原苜蓿碳储量年际变化及固碳机制的研究

课题类别：国家自然科学基金面上项目

项目编号：31372368　　　　　　　　　　起止年限：2014.1—2017.12

资助经费：82.00万元

主持人及职称：田福平　副研究员

参 加 人：胡 宇　张 茜　时永杰　路 远　李润林　朱新强　张小甫
　　　　　杜天庆　杨 晓

执行情况：根据试验设计方案，在农业部兰州黄土高原生态环境重点野外观测站的试验地，统一种植了中兰1号紫花苜蓿，对不同生长年限苜蓿草地和对照（荒地与轮作地）进行了统一管理，并开展了仪器操作和数据处理的培训。测定了不同生长年限苜蓿草地的生产性能指标，不同生育期的叶片光合速率及生长季（4—10月）的土壤呼吸指标。完成了1~15年生苜蓿草地、撂荒地及轮作地的地上生物量、凋落生物量、地下生物量的测定，获取植物样品868份，并对土壤样品SOC、LFOC、HFOC及N、P、K、PH等进行分析。采集了不同生长年限的苜蓿草地土壤微生物样品1485份，对不同地域同一年限的苜蓿草地土壤样本进行16S rDNA测序，分析土壤微生物多样性。现已获得不同生长年限苜蓿草地生物量固碳规律和生长季土壤呼吸的变化趋势，得到苜蓿草地与其他人工草地土壤固碳量的部分规律。通过对2008—2012年苜蓿草地与小冠花、红豆草、早熟禾、冰草、荒地、天然草地不同年限草地SOC的变化研究，表明在2008—2012年，苜蓿的固碳量均高于其他草地，固碳速率小冠花最高。发表论文2篇。

耐盐牧草野大麦拒 Na^+ 机制研究

课题类别：国家自然科学基金青年基金

项目编号：31201841　　　　　　　　　　起止年限：2013.1—2015.12

资助经费：24.00万元

主持人及职称：王春梅　助理研究员

参 加 人：王晓力　朱新强　张 茜　张怀山　李锦华　杨 晓　路 远

执行情况：研究测定野大麦长短期盐胁迫组织 Na^+、K^+ 含量变化：发现100 mM NaCl处理下，随着盐胁迫时间延长，Na^+ 累积呈先上升后下降的变化趋势，K^+ 呈先上升后下降再增大的趋势，总体上野大麦根中始终维持了相对稳定的 K^+/Na^+ 比。野大麦泌盐实验发现野大麦叶片 Na^+、K^+ 均有少量分泌，其中 Na^+ 仅占植株体内 Na^+ 的2.6%，可见叶分泌 Na^+ 不是野大麦适应盐逆境的有效策略。测定了盐胁迫下野大麦、小麦根系 Na^+、K^+ 单向流速，研究说明长时间胁迫下，增大 Na^+ 外排的同时减少 K^+ 的外流是野大麦根系耐盐的主要机制之一。明确了盐胁迫下不同 K^+ 浓度对野大麦地上部

Na^+ 快速积累的影响，即随着介质中 K^+ 浓度的增加其根中 Na^+ 浓度逐渐下降，但差异不显著。发表核心期刊论文 8 篇，SCI 论文 1 篇；获得实用新型专利 8 项，申报发明专利 1 项。

牦牛卵泡发育过程中卵泡液差异蛋白质组学研究

课题类别：国家自然科学基金青年基金

项目编号：31301976　　　　　　　　　　　起止年限：2014.1—2016.12

资助经费：23.00 万元

主持人及职称：郭　宪　助理研究员

参　加　人：裴　杰　王宏博

执行情况：本年度采集繁殖季节牦牛卵泡液与血液，比较不同的蛋白制备方法，优化并建立牦牛卵泡液与血浆差异蛋白质双向电泳技术平台，提高了 2 – DE 图谱的分辨率和重复性。并获得约 100 个蛋白点，经分析成功鉴定 33 个差异蛋白点。选取部分蛋白点进行 Western blot 表达验证，结果表明随着卵泡发育 Transferrin、ENOSF1 表达量增加。应用同位素标记相对和绝对定量（iTRAQ）技术筛选、鉴定牦牛繁殖季节与非繁殖季节卵泡液中的差异表达蛋白，并对其进行定量定性分析。研究鉴定 310 001 张质谱图谱，通过 Mascot 软件分析，匹配到的图谱数量是 42 994 张，其中 Unique 谱图数量是 28 894 张，共鉴定到 2 620 个蛋白，11 654 个肽段，其中 9 755 个 Unique 肽段。经 3 次重复实验，筛选到上调蛋白 12 个，下调蛋白 83 个。通过质谱鉴定与生物信息学分析，包括 GO 富集分析、COG 分析、Pathway 代谢通路分析等，证实了其差异蛋白参与卵泡液发育过程的碳水化合物代谢、性激素合成、信号转导、胞内定位、细胞发育和细胞骨架重排等过程。发表论文 3 篇，其中 SCI 1 篇，获得专利 1 项。

藏药蓝花侧金盏有效部位杀螨作用机理研究

课题类别：国家自然科学基金青年基金

项目编号：31302136　　　　　　　　　　　起止年限：2014.1—2016.12

资助经费：23.00 万元

主持人及职称：尚小飞　助理研究员

参　加　人：苗小楼　潘　虎　王东升　董书伟　王旭荣

执行情况：开展基于差异蛋白组学的蓝花侧金盏杀螨作用机理研究，并发现随着药物处理时间的增长，蓝花侧金盏能够抑制螨虫主要酶系的生物活性作用越显著。对蓝花侧金盏 75% 乙醇提取物的化学成分进行分析。通过质谱图中质核比推测化合物的分子量，在参考相关文献的基础上，确定药物活性部位的主要化学成分，主要为黄酮类成分和苷类。通过比较健康兔与不同程度患螨病兔血清中抗氧化酶活性及炎症因子的水平，发现相比健康兔，患螨病兔程度越重，CAT、GSH 和 MDA 活性提高越显著，SOD 活性降低越明显；同时 IL – 6，IL – 8，PGE2 和 TGF – β 的含量也明显提高。发表 SCI 论文 1 篇。

基于蛋白质组学和血液流变学研究奶牛蹄叶炎的发病机制

课题类别：国家自然科学基金青年基金

项目编号：31302156　　　　　　　　　　　起止年限：2014.1—2016.12

资助经费：20.00 万元

主持人及职称：董书伟　助理研究员

参　加　人：张世栋　王东升　王　慧　尚小飞　严作廷

执行情况：调查了奶牛蹄叶炎的病因和发病情况，发现其与分娩和泌乳阶段有较大关系。收集筛选病例采样，发现患病组血常规各项指标与健康组相比均无显著性差异。发现鲎试剂方法在 0.006～15EU/ml 的范围内可对牛血浆内毒素定量，并对患病组和健康组牛血浆内毒素和组织胺含量进行了检测，发现患病组组织胺显著高于健康组，但内毒素水平无显著性差异。测定患病组和健康组血浆中铜铁锌元素含量，发现患病组铜和铁元素与健康牛无差异性，但锌元素显著低于健康组。已测定患病组和健康组牛在不同患病阶段的血液流变学指标、血液生理指标和肝/肾功能指标和抗氧化指标。发表 SCI 论文 1 篇，申请专利 3 项。

甘肃甘南草原牧区生产生态生活保障技术集成与示范

课题类别：国家科技支撑计划课题

项目编号：2012BAD13B05　　　　　　　　　　起止年限：2012.01—2016.12

资助经费：909.00 万元

主持人及职称：阎　萍　研究员

参　加　人：梁春年　丁学智　郭　宪　郎　侠　包鹏甲

执行情况：在甘南州碌曲县尕海乡尕秀村建立基础母牛 1 000 头，利用野牦牛冻精开展人工授精和大通牦牛种牛投放牧户，改良当地牦牛，改良牦牛后代产肉性能提高 10% 左右。示范区内牦牛生产性能提高 10% 以上，农牧民增收 20%；组建藏羊核心群 10 群，每群基础母羊 100～200 只；项目实施后核心群成年公羊体重平均提高 5 kg，成年母羊平均体重提高 3kg，繁殖成活率提高 5%；建立甘南牧区重要有害生物防治优化技术体系、天然草地改良与高效利用综合技术体系试验示范区各 1 个；提出甘南牧区草原高原鼠兔和高原鼢鼠防治优化技术体系各 1 套，并编制技术操作规程，试验示范区害鼠密度减少 80% 以上；提出主要毒害草的生态防治优化技术体系 2 套，并编制技术操作规程，试验示范区毒害草生物量比例下降 30% 以上；提出天然草地改良与高效利用综合技术体系 2 套，编制技术操作规程 2 套，试验示范区栽培草地草产量 6t/hm² 以上，牧草增产 25%～30%。通过项目的实施使包虫病经防治后，牲畜平均感染率牲畜控制在 3% 以下，人群患病控制在 0.5% 以下；项目在碌曲县尕海乡尕秀村示范推广太阳能户用发电系统和便携式光伏发电照明设备 50 套；生物质半气化炉 50 套。清洁可再生能源在项目区牧户能源中的利用比例提高 10%。

甘肃甘南草原牧区牦牛选育改良及健康养殖集成与示范

课题类别：国家科技支撑计划子课题

项目编号：2012BAD13B05 - 1　　　　　　　　起止年限：2012.01—2016.12

资助经费：200.00 万元

主持人及职称：梁春年　副研究员

参　加　人：包鹏甲　郭　宪　丁学智　郎　侠　裴　杰

执行情况：多次到项目示范区碌曲县尕海乡尕秀村进行调研，对牦牛的生产现状，天然草地、人工草地及窝圈种草现状，牧户的生活现状进行现场调研，并针对牧业生产中存在的急需解决的问题进行交流。结合尕秀村牦牛养殖情况、急需关键技术等问题，对该项目在碌曲县实施提出了具体意见。在试验点碌曲县尕海乡尕秀村的工作基础上，经表型鉴定和个体性能测定，进行个体编号，按现有草场区域与牦牛放牧区域设立甘南牦牛良种繁育区 3 个，开展种牛选育和繁育，繁育优良牦牛公牛 20 头、母牛 630 头。在对碌区县旮秀乡畜群结构调查的基础上，继续优化畜种年龄结构和性别结构，加大能繁母畜的比例。基于甘南牦犊牛生产现状，结合当地的饲草情况，研究自由放牧条件下全哺乳与断奶补饲对犊牛生长发育，探索并建立推广犊牦牛合理的饲养模式。进行了牦牛冬季暖棚饲养技术示范，旨在示范研究冷季暖棚牦牛饲养，为了解决畜草矛盾及季节不平衡、提高牦牛的商品率、增加牧民收入、减轻天然草地压力、恢复天然草地植被寻求新的途径。

甘肃南部草原牧区人畜共患病防治技术优化研究

课题类别：国家科技支撑计划子课题

项目编号：　　　　　　　　　　　　　　**起止年限**：2012.01—2016.12

资助经费：60.00 万元

主持人及职称：张继瑜　研究员

参　加　人：周绪正　李　冰　魏小娟　牛建荣　李剑勇　杨亚军　刘希望

执行情况：在甘南州碌曲县尕秀村进行了现场防治包虫病培训 100 多人（次）；现场发放防治包虫病宣传彩色张切画（藏汉文对照）100 张；发放防治包虫病科普材料《包虫病防治手册》100 本；发放治疗犬包虫病药物吡喹酮 5 箱、阿苯达唑 10 箱，可防治犬 1 000 只，牛羊 1 万头（只）以上；开展试验区犬粪便处理与卫生消毒试验与技术推广：对犬 35 头（份）、牛 63 头（份）和羊 60 头（份）粪样进行了包虫病检测；完善包虫病防控技术规范。

奶牛健康养殖重要疾病防控关键技术研究

课题 2 类别：国家科技支撑计划课题

项目编号：2012BAD12B03　　　　　　　**起止年限**：2012.01—2016.12

资助经费：728.00 万元

主持人及职称：严作廷　副研究员

参　加　人：刘永明　李宏胜　潘　虎　苗小楼　齐志明　王胜义　王东升
　　　　　　　王旭荣　杨　峰　罗金印

执行情况：开展了治疗奶牛不发情中药制剂藿芪灌注液和治疗奶牛子宫内膜炎的药物丹翘灌注液的中试生产、加速稳定性和长期稳定性试验，委托完成了藿芪灌注液临床试验，撰写新兽药申报材料，并制备丹翘灌注液 225 瓶，在甘肃荷斯坦奶牛繁育示范中心奶牛场、吴忠市小西牛养殖有限公司等奶牛场开展了临床试验。采集临床型乳房炎病乳 212 份，分离鉴定细菌，对部分菌株进行了冻干保存，进一步补充了制苗菌种库，同时对部分菌株进行了抗生素耐药性检测；对部分地区奶牛场乳房炎乳汁中分离出的 53株金黄色葡萄球菌进行了基因分型、血清型分型和毒力基因的研究，明确了牛源金黄色葡萄球菌主要血清型及毒力基因；实验室制备了 3 批奶牛乳房炎多联苗，进行小白鼠免疫抗体水平与泌乳牛攻毒保护效果之间的平行相关性研究，建立了一套用小鼠进行疫苗效力检测的方法；实验室制备了五种佐剂乳房炎多联苗，在小白鼠上开展了不同时间抗体测定及免疫因子测定，进一步明确了乳房炎疫苗的免疫机制。通过正交试验和单因素考察，优化了苍朴口服液制剂的最佳制备工艺，确定药材量放大10倍，提示工艺重现性良好；进行毒性试验、药效学研究和质量标准研究，结果表明大鼠连续给药28d后，苍朴口服液对动物的增重及饲料消耗无影响，不会引起动物发病和脏器病理病变；质量控制研究中，对处方中的药材做了薄层色谱鉴别，斑点清楚，分离效果好，阴性无干扰，专属性强，方法可靠；对盐酸小檗碱和厚朴酚采用高效液相色谱测定其含量，试验结果表明该方法简便可靠，精密度高，分离度好，可用于苍朴口服液的质量控制。发表论文10篇，其中SCI论文2篇，申请发明专利1项，授权实用新型专利16项。

奶牛不孕症防治药物研究与开发

课题类别：国家科技支撑计划子课题

项目编号：2012BAD12B03－1　　　　　　　　　**起止年限**：2012.01—2016.12

资助经费：115.00万元

主持人及职称：严作廷　副研究员

参　加　人：王东升　苗小楼　潘　虎　张世栋　尚小飞　陈炅然

执行情况：本年度课题以研制防治奶牛不发情中药制剂藿芪灌注液和治疗奶牛卵巢静止、持久黄体中兽药藿芪灌注液为主，主要进行了制剂的中试生产、质量标准修订、加速稳定性和长期稳定性试验、制剂的药理学方面的研究。委托北京中农劲腾生物技术有限公司进行藿芪灌注液的中试生产，按工艺中试生产3批产品，共1 484瓶，经检验三个批次的产品均达到质量标准要求；建立并修订了益母草的鉴别方法及制剂中黄芪甲苷的含量测定方法，制备3批样品，经甘肃省兽药饲料监察所进行质量标准复核；进行藿芪灌注液的加速稳定性试验和长期稳定性试验，结果表明灌注液各项性状及成分稳定可靠，符合要求；委托西北民族大学生命科学与工程学院进行藿芪灌注液临床实验，结果表明其治疗奶牛卵巢静止和持久黄体疗效稳定确实，且未发现不良反应现象，每次给药100ml，隔日一次，4次为一个疗程，一般治疗1个疗程，在临床应用中切实可行。发表论文4篇，授权专利2项。

奶牛乳房炎多联苗产业化开发研究

课题类别：国家科技支撑计划子课题

项目编号：2012BAD12B03－3　　　　　　　　　**起止年限**：2012.01—2016.12

资助经费：50.00万元

主持人及职称：李宏胜　研究员

参　加　人：王东升　苗小楼　潘　虎　张世栋　尚小飞　陈炅然

执行情况：先后从甘肃、宁夏回族自治区、陕西和山西等采集临床型乳房炎病乳212份，进行了细菌分离鉴定，对分离鉴定出的部分菌株（无乳链球菌、金黄色葡萄球菌、大肠杆菌等）进行了冻干保存，进一步补充了制苗菌种库。同时对部分菌株进行了抗生素耐药性检测。对我国部分地区奶牛场乳房炎乳汁中分离出的53株金黄色葡萄球菌进行了基因分型、血清型分型和毒力基因的研究，明确了牛源金黄色葡萄球菌主要血清型及毒力基因。用家兔制备了金黄色葡萄球菌 cp5、cp8 和 336 型高免因子血清，同时设计合成了金黄色葡萄球菌 cp5 和 cp8 引物，对冻干保存的 53 株金黄色葡萄球菌进行了基因分型鉴定和血清型分型鉴定。实验室制备了 3 批奶牛乳房炎多联苗，进行小白鼠免疫抗体水平与泌乳牛攻毒保护效果之间的平行相关性研究，建立了用小鼠进行疫苗效力检测的方法。制备了五种佐剂乳房炎多联苗，在小白鼠上开展了不同时间抗体测定及免疫因子 IL-17、IL-2、IgG、IgA、IgM，IFN-γ 的测定，进一步明确了乳房炎疫苗的免疫机制，为研制高效疫苗奠定了基础。发表论文 4 篇，其中 SCI 论文 1 篇，申请发明专利 1 项，授权实用新型专利 14 项。

防治犊牛腹泻中兽药制剂的研制

课题类别：国家科技支撑计划子课题

项目编号：2012BAD12B03-4　　　　　　　　**起止年限**：2012.01—2016.12

资助经费：50.00 万元

主持人及职称：刘永明　研究员

参　加　人：齐志明　王胜义　刘世祥　王　慧　荔　霞　董书伟

执行情况：通过正交试验和单因素考察，优化了苍朴口服液制剂的最佳制备工艺。最佳工艺验证试验中，即使药材量放大 10 倍，制剂中盐酸小檗碱和厚朴酚含量也没有影响，提示工艺重现性良好。进行 28d 的亚慢性毒性试验，结果表明该制剂不影响动物的采食、活动、饮水，不会引起动物的发病和死亡，对动物的增重及饲料消耗无影响；通过测量脏器系数和病理切片检测，药物对动物的血液生理指标和血液生化指标无影响，不会给动物的实质器官带来损害。为了建立该制剂的质量标准，应用薄层色谱法、高效液相色谱法对制剂中的主要药材进行定性、定量鉴别，为下一步新兽药的申报奠定了基础。发表论文 2 篇，其中 SCI 论文 1 篇。

防治畜禽病原混合感染型疾病的中兽药研制

课题类别：国家科技支撑计划子课题

项目编号：2011BAD34B03-2　　　　　　　　**起止年限**：2011.01—2015.12

资助经费：200.00 万元

主持人及职称：郑继方　研究员

参　加　人：辛蕊华　王贵波　谢家声　罗超应　罗永江　李锦宇　李建喜

执行情况：围绕新兽药申报的有关要求，对研究开发中的中兽药复方"射干地龙颗粒""根黄分散片"和"马香苓口服液"进行了有关研究，并取得了重要进展。完成了"射干地龙颗粒"新药第二次补充实验材料，通过了国家兽药审评中心第三次评审和质量复核，目前正在进行该产品的最后程序性复审。完成了新兽药"根黄分散片"的新药申报工作，并通过初审，目前正在针对初审意见开展补充实验。开展中兽药复方"马香苓口服液"防治猪病毒性腹泻的临床疗效试验，通过在甘肃兰州、榆中、静宁和重庆荣昌等地临床疗效观察，治疗传染性仔猪腹泻有效率达 85% 以上，可减少仔猪死亡率 25%。发表论文 2 篇，获得发明专利 2 项。

超细型细毛羊新品种（系）选育与关键技术研究

课题类别：国家科技支撑计划子课题

项目编号：2011BAD28B05 - 1 - 4 　　　　　起止年限：2011. 01—2015. 12
资助经费：39. 00 万元
主持人及职称：郭 健 副研究员
参 加 人：刘建斌 冯瑞林 孙晓萍 岳耀敬 郭婷婷
执行情况：对甘肃细毛羊超细品系 6 个基础群（其中 4 个核心群）个体的生产性能和羊毛品质，采取现场鉴定结合实验室测试综合评定，以羊毛细度、强度和净毛量为主要指标，进一步选育扩充。目前超细品系核心群 2 500 只，成年公羊体侧毛长平均 9. 92 ± 0. 32cm，腹部毛长平均 8. 75 ± 0. 42cm，体重平均 96. 28 ± 7. 94kg，毛纤维直径 18. 10 ± 1. 60μm，产毛量 9. 98 ± 1. 02kg；成年母羊毛长 9. 23 ± 0. 78cm，体重平均 48. 92 ± 4. 78kg，产毛量 4. 63 ± 0. 56kg，羊毛纤维直径 18. 37 ± 1. 68μm。选择 10 个微卫星位点对细毛羊群体进行群体遗传分化与系统发育分析和群体遗传多样性与哈代 - 温伯格平衡检验。发表论文 3 篇，其中 SCI 论文 1 篇，获得实用新型专利 2 项，出版著作 1 部。

甘南高寒草原牧区"生产生态生活"保障技术及适应性管理研究
课题类别：国家科技支撑计划子课题
项目编号： 　　　　　　　　　　　　　起止年限：2012. 01—2016. 12
资助经费：25. 00 万元
主持人及职称：时永杰 研究员
参 加 人：田福平 胡 宇 李润林 张小甫 宋 青
执行情况：完成了试验区玛曲县保育工程实施情况的调研，对其基础资料、背景资料进行搜集和整理；完成各项保育关键技术的单项对比试验，包括人工措施改良退化草地试验，病、虫、鼠害治理技术试验；进行了玛曲荒漠现状调查、玛曲高原荒漠化草原生态系统调查与研究、玛曲退化草地生态系统组成结构功能调查与研究、沙化草地植被恢复与重建模式的研究等工作。建成高度 2m 的铁丝围栏 2 000m，结合其他项目建成围栏牧场 2 000 亩（15 亩 = 1hm^2。全书同）；补播草地 300 亩，施肥 200 亩；开展了项目实施区、相关工程的地面土壤、植被指标的相关观测。完成草地样方 20 个，搜集野生牧草资源 5 份。获得实用新型专利 2 项，发表论文 3 篇。

传统中兽医药资源抢救和整理
课题性质：国家科技基础性工作专项
项目编号：2013FY110600 　　　　　　　　起止年限：2013. 6—2018. 5
资助经费：1 034. 00 万元
主持人及职称：杨志强 研究员
参 加 人：张继瑜 郑继方 王学智 李建喜 罗超应
执行情况：项目组对全国部分从事中兽医教学、科研、开发、管理等单位收藏或保存的中兽医药资源进行了调查；对中国兽药典（2010 版）二部收载的中药材产地信息进行搜索和划分，并与现有标本进行了对比，共整理和标记药典收载项目组未收集的药材 208 种；对现有标本进行清点、整理、分类，整理和挑选出腊叶标本 550 种，瓶装标本 359 种，制作中兽医文化展示板 11 个，三联对一副，编制"中兽医药学文化报告"一篇；开展了西北区、西南区、东北区、华中区、华南区、东北区的中兽医药资源搜集工作，采集动植物、矿物标本图片 240 余幅张，补充中兽药腊叶标本 160 种、瓶装标本 452 种、浸制标本 102 种；收集中兽医专家名人信息 110 条，采访 75 人，发表采访报道 1 篇；收集中兽医古籍与教材等信息 500 余条，收集书籍 200 余部，出版《兽医中药学》著作 1 部，开展了《中兽医诊疗技术》《宠物针灸学》的资料准备和编撰工作；收集中兽医诊疗方法和针灸挂图近 50 幅；收集中兽医民间方剂、经方或验方 82 个；制作了狗体针灸穴位取穴方法、阉割术和炼丹术视频；完成了 200 m² "中兽医药陈列馆" 的装修、布展工作；初步完成了 "中兽医药资源共享数据库" 网站的框架建构，并上传展示中兽医药的各种文献资料 100 余条。

传统中兽医药标本展示平台建设及特色中兽医药资源抢救与整理

课题性质： 国家科技基础性工作专项子课题

项目编号： 2013FY110600 - 01   **起止年限：** 2013.6—2018.5

资助经费： 334.00 万元

主持人及职称： 杨志强　研究员

参　加　人： 孔晓军　尚小飞　秦　哲　孟嘉仁　李建喜　王学智　王　磊

执行情况： 完成了中兽医药陈列馆装修、布展工作，将原有的单一的标本陈列内容扩大到器具、古籍、影像资料等，并设计制作了中兽医药资源共享数据库平台；对研究所原有标本进行了电子档案的录入、分类和整理，共整理分类腊叶标本 550 种，瓶装标本 348 种；对中国兽药典（2010 版）二部收载的中药材名录与研究所现有的标本进行了对比，共整理和标记出药典收载但研究所没有的药材 208 种；根据中兽医药陈列馆的建设目标，共收集补充中兽药腊叶标本 160 种，瓶装标本 356 种，浸制标本 102 种，大大丰富和充实了新建陈列馆的展示物品种类和数量。

东北区传统中兽医药资源抢救和整理

课题性质： 国家科技基础性工作专项子课题

项目编号： 2013FY110600 - 04   **起止年限：** 2013.6—2018.5

资助经费： 100.00 万元

主持人及职称： 张继瑜　研究员

参　加　人： 周绪正　李　冰　吴培星　牛建荣　魏小娟

执行情况： 对东北区传统中兽医有关文献、经方验方、传统针灸与诊疗技术、中兽药传统炮制与栽培技术、濒危中兽药等进行了调查。搜集掌握 20 余部有关东北地区中兽医古籍信息、1 500 多个中兽医经验方、10 余种不同类型针具及艾叶卷。通过调查访问，明确诊疗技术 1 950 项，诊疗技术多集中于望、闻、问、切等传统诊疗手段，配合使用温度计和听诊器，诊疗范围主要集中在瘟热病。另外，民间最广泛的技术还是针术和阉割术。收集了具有东北地域特点中兽药传统炮制技术及中草药栽培技术。收集掌握了东北地区濒临灭绝的中药材资源约 20 种。正在撰写《中兽医传统加工技术》。

华中区传统中兽医药资源抢救和整理

课题性质： 国家科技基础性工作专项子课题

项目编号： 2013FY110600 - 05   **起止年限：** 2013.6—2018.5

资助经费： 100.00 万元

主持人及职称：郑继方　研究员

参　加　人：王贵波　罗永江　辛蕊华　李锦宇　谢家声

执行情况：完成湖北省、河南省中兽医文献资源、古籍著作、中兽医传统经方验方和单方及民间方剂、传统针灸技术资源、中兽医传统诊疗技术、中兽药传统炮制技术、中兽药栽培技术、濒危中兽药生长环境及生活习性相关信息、实物的搜集与收集；完成两省中兽药标本、兽用针灸针具、兽医针灸及穴位教学挂图、针灸穴位和经络动物模型图、药物加工炮制器械、药物、传统中兽医临床诊断器械、传统中兽医药现代化研究成果信息搜集与收集等，执行项目总任务量的35%，走访湖北省、河南省重点地区与人物，完成其传统中兽医药资源及器械等的调查报告1份；收集传统中兽医药资源信息200条；收集传统中兽医药标本50种；收集中兽医古籍及著作4部；收集传统中兽医民间方剂、经方或验方30个。

华南区传统中兽医药资源抢救和整理

课题性质：国家科技基础性工作专项子课题

项目编号：2013FY110600-06　　　　　　　　起止年限：2013.6—2018.5

资助经费：100.00万元

主持人及职称：王学智　副研究员

参　加　人：王　磊　曾玉峰　周　磊

执行情况：完成了广东省中兽医药书籍、人物和药材的资料搜集，对兽药典中220种中药材的产地和区域进行搜索和划分；搜集到中兽医药相关书籍10部，其中古书籍3部29卷；搜集10位中兽医药专家信息；对广东省中兽医药资源进行初步的搜集整理，其中包括中兽医药研究单位7所、畜牧业管理部门7个、图书馆2个、博物馆1个、药源地15处、中兽医药企业6家；对广东省70余本中兽医药相关书籍进行整理，并对相关信息进行统计；参与中兽医药展览室筹建工作，整理输入中兽医药资源网络平台信息。

华北区传统中兽医药资源抢救和整理

课题性质：国家科技基础性工作专项子课题

项目编号：2013FY110600-07　　　　　　　　起止年限：2013.6—2018.5

资助经费：100.00万元

主持人及职称：李建喜　研究员

参　加　人：王旭荣　张景艳　张　凯　秦　哲　孟嘉仁

执行情况：进行中兽药标本室搬迁工作，将已经制作和收集的标本进行妥善的处理保存，待新的陈列馆建成后陈列。继续开展华北地区（北京市、天津市、河北省、山西省）主要图书馆的调研查阅工作，现已对国家图书馆、中国农业大学图书馆、中国农业科学院图书馆、首都图书馆、天津图书馆、河北省图书馆、山西省图书馆、山西农业大学图书馆等图书馆的主要的书籍名称记录在案。目前收集到的代表性古籍2套34本，分别为类经（1套20本）、珍本医书集成（1套14本）。将2013年度收集的马经大全（春夏秋冬四卷）中的春卷进行了识别并打印成电子版。在相关史料集上找到名中兽医的资料，录入到"中兽医药资源共享数据库"。将药典上的中药进行归类，分别划定主产区。华北区课题组归类 200 多种。

华东区传统中兽医药资源抢救和整理

课题性质：国家科技基础性工作专项子课题

项目编号：2013FY110600 – 08　　　　　　**起止年限**：2013.6—2018.5

资助经费：100.00 万元

主持人及职称：罗超应　研究员

参　　加　　人：李锦宇　谢家声　王贵波　罗永江　辛蕊华

执行情况：协作建设《中兽医药陈列馆》，制作中药标本 28 副，整理腊叶标本 500 余种、瓶装标本 600 余种、浸制标本 100 余种、中兽医文化展示板 11 个、三联对 1 副："聚百草集针灸诊疗器物，传师皇承华夏文化薪火，开宝藏拓中兽医学发展"；初步完成了《中兽医药资源共享数据库》网站的框架建构，并上传展示中兽医药各种文献资料 100 余条；采集中药图像标本 150 余幅，收集整理各种中药标本资料 130 余条；收集整理安徽江苏等省区中兽医专家名人文字与图像资料 93 条、历史文献资料 68 条、中兽医古籍、现代著作与教材及其诊疗经验等信息 500 余条；制作狗体针灸穴位取穴视频 1 部。制定了《中兽医药陈列馆》文物捐赠办法。发表论文 5 篇，获得国家发明专利 2 项。

奶牛产业技术体系疾病控制研究

课题类别：农业部现代农业体系项目

项目编号：CARS – 37 – 06　　　　　　**起止年限**：2011.01—2015.12

资助经费：350.00 万元

主持人及职称：杨志强　研究员

参　　加　　人：李建喜　孟嘉仁　王旭荣　张景艳　张　凯　王学智

执行情况：与首席科学家、功能室成员签订了 2014 年工作任务书。将奶牛乳房炎和子宫内膜炎等主要普通病的防控技术进行集成并在兰州试验站、西安试验站、宁夏试验站进行示范推广；并对兰州实验站 100 余头份奶牛的口蹄疫免疫抗体进行了检测。优化了防治奶牛乳房炎中药"乳宁散"的质量标准制定，完成了该药的新兽药的扩大临床试验和新兽药申报材料；完成了奶牛胎衣不下中兽药"宫衣净酊"的三期临床试验，完成药物的稳定性加速试验和制定质量标准草案；开展了本研究领域奶牛产业技术国内外研究进展、省部级科技项目、从业人员、仪器设备、国外研发机构数据调查；奶牛乳房炎病原菌数据采集，建立了网络版奶牛体系疾病控制数据共享平台数据库。对陕西、甘肃、青海等 5 个省份的 67 份子宫内膜炎样品进行了病原菌的分离鉴定，并对病原的生物学特性和致病性进行了详细的分析；开展了奶牛乳腺细胞的原代培养工作；筛选了防治子宫内膜炎的中兽药防治药物。举办了甘肃省奶牛规模化养殖技术培训班暨奶价研讨会。按时完成了体系网上管理系统中要求的工作日志填写和经费上报等工作。完成春季疾病的防控指导、2014 年中期检查、"十三五"规划方案建议、多个牛场的科技服务应急性处理以及各种应急性材料的上报。毕业留学生 1 名、博士研究生 1 名、硕士研究生 1 名，培养在读硕士生 2 名。

肉牛牦牛产业技术体系——牦牛选育

课题类别：农业部现代农业体系项目

项目编号：CARS – 37 – 06　　　　　　　　**起止年限**：2011.01—2015.12

资助经费：350.00 万元

主持人及职称：阎　萍　研究员

参　加　人：郭　宪　包鹏甲　裴　杰　褚　敏　朱新书

执行情况：制定了《牦牛生产性能测定技术规范》（报批稿），并上报农业部。重点任务：完成了大通牦牛 220 头基础母牛、35 头种公牛的生产性能测定，并修订大通牦牛选育方案；登记大通牦牛核心群 530 头；测定了甘南、红原、海北、玉树当地牦牛与改良牦牛的生产性能，优化选育模式；应用 B 超技术测定了青海高原牦牛背膘厚、眼肌面积；赴西藏、青海、甘肃、四川开展技术服务与产业调研 42 次，撰写调研报告 10 余篇；开展技术培训 4 次，培训技术人员 194 人次。建立产业技术中心数据库 4 个，包括国内外研究进展数据库、省以上立项的科技项目数据库（甘肃省）、国外相关研究单位的概况数据库（加拿大）、全国从事牦牛研发的人员数据库；建立遗传育种与繁殖功能研究室数据库 3 个，包括国内肉牛牦牛育种及繁殖场数据库、肉牛牦牛分子育种数据库、牦牛遗传资源数据库。开展了无角牦牛品种培育工作，健全育种档案，对优秀种子公、母牛群体进行快速扩繁；克隆、鉴定牦牛生长发育、肉质性状等候选基因 2 个。及时完成了农业部、体系及功能研究室交办的应急性任务，主要完成了技术服务、技术培训、产业调研等任务。发布体系工作简报 5 篇、牛人论牛 2 篇，撰写工作日志 173 篇，出版著作 1 部，发表论文 9 篇，获授权专利 18 项。体系成果视频展示 1 期（CCTV7：一群在春天吃肥的牦牛）。

绒毛用羊产业技术体系——分子育种

课题类别：农业部现代农业体系项目

项目编号：CARS – 40 – 03　　　　　　　　**起止年限**：2011.01—2015.12

资助经费：350.00 万元

主持人及职称：杨博辉　研究员

参　加　人：岳耀敬　牛春娥　孙晓萍

执行情况：根据分子育种岗位、张掖综合试验站、三角城综合试验站和海北综合试验站联合制定的《国家绒毛用羊产业技术体系岗位科学家与综合试验站对接工作方案》，已完成生产指导、羔羊出生鉴定、周岁羊生产性能测定、成年羊生产性能测定、羔羊离乳鉴定、人员培训、基础性工作、前瞻性研究和实验样品采集等对接任务。细毛羊新品种系选育：对青海三角城种羊场、甘肃省绵羊繁育技术推广站和金昌市绵羊繁育技术推广站的细毛羊进行鉴定，其中符合甘青美利奴羊品种标准的细毛羊分别达到4 321 只、16 245 只和 3 845 只，总计 24 411 只；选留甘×南 F1 代育成公羊 4 只、种公羔12 只，甘×布 F1 代育成公羊种公羔 15 只，选留甘×南 F1 代育成母羊 80 只、母羔 165只，选留甘×布 F1 代育成母羊 36 只。组建了多胎藏羊新品种（系）选育基础群。建立了毛囊单细胞 RNA 分离技术；采用 illumina HiSeqTM2000 高通量测序技术对基板前期和基板期的毛囊单细胞进行高通量测序，共获得 635 个 lncRNA。应用 MeDIP – Seq 和

RNA‒Seq 联合分析，筛选到 5 个与低氧适应性相关的基因：BCKDHB、EPHX2、GOT2、RXRG 和 UBD。对不同羊毛纤维直径的细毛羊皮肤转录组进行差异分析，共检测到 47 个差异表达的基因，其中上调基因 9 个、下调基因 31 个、反义转录本 7 个。

肉牛牦牛产业技术体系——药物与临床用药

课题类别：农业部现代农业体系项目

项目编号：CARS‒38　　　　　　　　　　　起止年限：2011.01—2015.12

资助经费：350.00 万元

主持人及职称：张继瑜　研究员

参　加　人：李　冰　牛建荣　魏小娟　刘希望

执行情况：完成"菌毒清"纯中药制剂的所有药学、药剂学、药理学、毒理学等研究，并按照国家三类兽药要求提交新兽药申报材料，目前正按国家兽药评审委员会的三审意见进行资料的完善补充，有望明年年初获得新兽药批件，并与有生产资质的企业如"湖北武当药业有限公司"合作，加快药物市场化、商品化运作，实现产品的有偿转让；完成兽药新制剂"青蒿琥酯注射液"和"伊维菌素注射液"的制剂配方、生产工艺、药理学、毒理学、药代动力学等试验研究，获得临床试验批件；在研究所 GMP 中药生产车间生产新型口服补液盐（ORS）、牛用舔砖、强力消毒灵、伊维菌素纳米乳注射液、多拉菌素纳米乳注射液、蒿甲醚注射液等超过 50 000 头次用量，投放公主岭、济南、张掖、宝鸡、伊利、海北、亳州等综合试验站，完成牛呼吸道疾病、运输应激综合征、犊牛腹泻的药物临床防治试验；完成临夏、肃南、张掖、内蒙古自治区、武威、兰州、东乡、广河、平凉、天水等地 44 份牛肉样品内阿维菌素、伊维菌素、多拉菌素、甲磺酸达氟沙星、恩诺沙星、盐酸环丙沙星、盐酸沙拉沙星及替米考星等药物的残留量检测；完成国家肉牛牦牛兽药与疾病数据库中 624 种兽药数据库建设；获得发明专利 7 项。主办、参与培训 15 场次，培训技术人员 996 人次，发放专业书籍及培训教材 1 000 余套册；参加国内外学术交流 3 场次，并作大会发言或报告。填报工作日志 80 余篇，处理体系办、功能试验室等交付的应急性任务 5 项，发表论文 26 篇，出版著作 3 部，培养研究生 1 名，获得甘肃省科技进步一等奖 1 项。

夏河社区草畜高效转化技术

课题性质：公益性行业（农业）科研专项

项目编号：201203008‒1　　　　　　　　　起止年限：2012.01—2016.12

资助经费：200.00 万元

主持人及职称：阎　萍　研究员

参　加　人：梁春年　郭　宪　郎　侠　丁学智　裴　杰　王宏博　包鹏甲
　　　　　　　褚　敏　刘文博

执行情况：采用常规选育和分子育种技术，在社区组建的牦牛、藏羊核心群的基础上，加强选育，提高牦牛、藏羊生产性能。在夏河社区进行了牦牛冬季暖棚饲养技术示范，旨在研究示范冷季暖棚牦牛饲养，为解决草畜矛盾及季节不平衡、提高牦牛商品率、增加牧民收入、减轻天然草地压力、恢复天然草地植被寻求新的途径。根据生产实际和放牧季草地营养状况，制定了"放牧＋补饲"育肥当年羔羊，以转变牧区当年羔羊无法出栏、生产效率低、高档羔羊肉产量少的现状。同时，在夏河社区积极推广示范牦牛藏羊生长与营养调控配套技术、营养平衡和供给模式技术、牦牛标准化养殖技术、藏羊标准化养殖技术，培训牧民 35 人次，指导示范户牧民进行科学化、规范化、标准化生产。获得发明专利 1 项、实用新型专利 2 项，出版著作 1 部，发表论文 2 篇。

无抗藏兽药应用和疾病综合防控

课题性质：公益性行业（农业）科研专项

项目编号：201203008 – 2　　　　　　　　　　**起止年限**：2012.01—2016.12

资助经费：182.00 万元

主持人及职称：李建喜　副研究员

参　加　人：杨志强　王学智　尚小飞　张　凯　张景艳　王旭荣　孟嘉仁
　　　　　　　秦　哲　王　磊

执行情况：明确了 8 个社区藏兽药资源与利用现状，社区及周边共有中草药 2 000 多种，利用率多数处于自然啃食状态；常用药物 5 大类共计 75 种，包括抗生素、化学药、中药、疫苗、抗寄生虫药；疾病有 6 大类 62 种，包括寄生虫病 21 种、呼吸道疾病 6 种、消化道疾病 8 种、产科病 7 种、传染性疾病 16 种、营养代谢病 4 种。对前期研发的 4 种藏中兽药复方进行了防治牦牛乳房炎、胎衣不下、犊牛和羔羊腹泻的临床有效性放大试验，结果显示优化后的组方临床有效性比原组方有明显提高。对收集的 16 个传统复方进行了筛选，筛选出了治疗牦牛腹泻、胃肠道炎症、外伤和产科病的验方 4 个，放大生产并进行了不同区域有效性试验。在社区有针对性地开展寄生虫病防治技术推广，发放 25 000 头份寄生虫防治药物阿苯达唑和阿维菌素。在项目羊八井社区建立了一个中草药加工示范点，并配套了相关仪器设备，这为带动藏区中草药的加工、提高藏中草药的利用率和导入先进技术起了积极作用。

墨竹工卡社区天然草地保护与合理利用技术研究与示范

课题性质：公益性行业（农业）科研专项

项目编号：201203006　　　　　　　　　　　　**起止年限**：2012.01—2016.12

资助经费：243.00 万元

主持人及职称：时永杰　研究员

参　加　人：田福平　王晓力　胡　宇　路　远　李润林　张小甫　宋　青
　　　　　　　荔　霞　李　伟

执行情况：继续进行了天然草地动态监测、天然草地放牧利用试验、毒杂草控制和退化草地改良试验；通过参与式方法推广墨竹工卡社区放牧管理模式，完善并形成墨竹工卡社区天然草地放牧管理模式 1 套；形成墨竹工卡草地健康维护与评价体系 1 套，在墨竹工卡示范点开展天然草地生产力恢复综合技术试验与示范，形成适宜于墨竹工卡社区的天然草地恢复综合技术集成体系，撰写墨竹工卡社区天然草地恢复综合技术教材；改良天然草地 300 ~ 400 亩，完成项目中期评估，培训基层专业技术人员、管理人员与农牧民 100 人次，发表论文 3 篇，获得专利 2 项。

工业副产品的优化利用技术研究与示范

课题性质：公益性行业（农业）科研专项

项目编号：20120304204　　　　　　　　　起止年限：2012.01—2016.12

资助经费：260.00 万元

主持人及职称：王晓力　副研究员

参　加　人：齐志明　王春梅　王胜义　乔国华　张　茜　朱新强

执行情况：在对糟渣类工业副产物营养成分、菌种筛选及发酵饲料调制技术的研究基础上，进一步研究了不同的糟渣类物质组合发酵饲料在瘘管羊体内消化实验，系统评价了组合发酵饲料的营养价值，总结了营养物质在动物体内可能的降解规律和组合效应。以糟渣类物质、野生蒿草、燕麦菜、青稞秸秆为饲料资源，测定了野生蒿草、燕麦菜和青稞秸秆的营养组成，研究了糟渣类物质、野生蒿草、燕麦菜、青稞秸秆组成的低精料型日粮的配合工艺，对各工艺下制备的配合饲料进行了质量评价，确定了几种低精料型日粮组合配方。积极开展了糟渣饲料质量控制和调制技术规程、青贮饲料生产技术规程和饲料用苜蓿、饲料用菊芋渣、饲料用啤酒糟等地方标准的编撰，申报农业行业标准制定和修订（农产品质量安全）项目《饲料用糟渣类副产物》和《糟渣类副产物发酵饲料》。生产出糟渣类型反刍动物颗粒饲料样品。出版著作 3 部，发表论文 16 篇，获得实用新型专利 5 项，申报发明专利 4 项。

中兽药生产关键技术研究与应用

课题性质：公益性行业（农业）科研专项

项目编号：201303040　　　　　　　　　起止年限：2013.01—2017.12

资助经费：1034.00 万元

主持人及职称：杨志强　研究员

参　加　人：郑继方　罗超应　罗永江　谢家声

执行情况：研制出质量可控符合兽医临床用药的银翘蓝芩口服液、苍朴口服液、雪山杜鹃、防治猪气喘病颗粒剂等中兽医配方；建立 2 种小鼠腹泻模型方法与标准，并从 4 个腹泻藏中药复方中，筛选出了 1 个治疗小鼠腹泻的复方及最佳配伍剂量。研究建立了板黄口服液质量标准、复方"曲枳散"的质量标准和防治猪气喘病颗粒剂的质量标准（草案），并按照国家新兽药证书申报要求，整理乳宁散的新兽药申报材料；完成了宫衣净酊的急性毒性试验和亚慢性毒性试验；培养研究生 4 名，发表论文 12 篇，申报发明专利 2 项，实用新型专利 8 项。

防治奶牛繁殖障碍性疾病 2 种中兽药新制剂生产关键技术研究与应用

课题性质：公益性行业（农业）科研专项

项目编号：201303040 - 01　　　　　　　起止年限：2013.01—2017.12

资助经费：230.00 万元

主持人及职称：杨志强　研究员

参　加　人：李建喜　王　磊　孟嘉仁　张景艳　秦　哲　张　凯　王旭荣

执行情况：完成了宫衣净酊的急性毒性试验和亚慢性毒性试验，结果显示宫衣净酊的半数致死量为 28.84g/kg·bw；连续饲喂 30 天，宫衣净酊对大鼠体重变化、血液生理和生化指标无显著影响，各主要脏器无异常病理变化，宫衣净酊属安全无毒产品；开展了宫衣净酊的药理学研究，结果表明宫衣净酊对 Dextran - 500 诱导的大鼠血瘀模型具有良好的防治效果，扭体试验和热板试验结果显示宫衣净酊具有明显的镇痛作用；宫衣净酊对奶牛胎衣不下的预防试验结果表明，宫衣净酊可降低胎衣不下的发生率，降低产后 21 天内产褥期子宫炎发生率，改善奶牛的繁殖性能。乳宁散的镇痛抗炎试验结果显示，乳宁散对小鼠耳肿胀、腹腔毛细血管通透性试验及大鼠足肿胀均具有很好的抑制作用，对醋酸诱导的扭体和热板致痛有一定的镇痛效果；临床研究结果显示，在临床合理剂量范围内使用，乳宁散对隐性乳房炎具有良好的治疗效果，不会对靶动物奶牛产生任何不良反应。培养研究生 1 名，发表论文 3 篇，获得专利 5 项。

防治畜禽卫气分证中兽药生产关键技术研究与应用

课题性质：公益性行业（农业）科研专项

项目编号：201303040 - 09　　　　　　　　**起止年限：**2013. 01—2017. 12

资助经费：213. 00 万元

主持人及职称：张继瑜　研究员

参　　加　　人：周绪正　牛建荣　李金善　魏小娟

执行情况：按照新兽药申报要求继续完善板黄口服液的质量标准，规范制法描述；明确加水煎煮的加水量；采用相对密度控制浓缩程度，并明确测定温度；优化薄层鉴别试验条件，完善鉴别项；对板黄口服液质量标准的贮藏项、功能与主治项进行了修改和完善；对中药雪山杜鹃的主要成分进行分离、纯化，完成了其多糖的单糖组成及抗氧化活性的测定。培养研究生 1 名。发表论文 2 篇，申报专利 1 项。

蒙兽药口服液制备关键技术研究与应用

课题性质：公益性行业（农业）科研专项

项目编号：201303040 - 12　　　　　　　　**起止年限：**2013. 01—2017. 12

资助经费：40. 00 万元

主持人及职称：李剑勇　研究员

参　　加　　人：刘希望　杨亚军

执行情况：开展了"银翘蓝芩口服液"质量标准制定工作，完成了金银花、黄芩、连翘三味主要药材的薄层色谱鉴定研究。对"银翘蓝芩口服液"主要有效成分液相色谱含量测定方法学进行研究，方法学研究显示，各有效成分分离度好、重复性强，该方法适用于"银翘蓝芩口服液"的质量控制。选取前期研究对畜禽呼吸道疾病具有较好临床效果的"银翘蓝芩口服液"开展了其中试放大生产工艺研究，所制得的口服液符合中国兽药典要求。开展了"银翘蓝芩口服液"对鸡传染性支气管炎病毒（IBV）的阻断试验．实验结果显示，"银翘蓝芩口服液"4 倍稀释液可阻断 60% 的鸡胚被鸡传染性支气管炎病毒感染。

防治螨病和痢疾藏中兽药制剂制备关键技术研究与应用

课题性质：公益性行业（农业）科研专项

项目编号：201303040 - 14　　　　　　　　**起止年限：**2013. 01—2017. 12

资助经费：100. 00 万元

主持人及职称：王学智　研究员

参　　加　　人：秦　哲　张景艳　王　磊　张　凯　孟嘉仁

执行情况：开展了防治犊牦牛腹泻的藏传复方药理药效学试验研究，成功用番泻叶和大肠杆菌两种诱因建立小鼠腹泻模型。结果显示，浓度为 1.0g/ml 的番泻叶使小鼠腹泻的发病率为 100%；菌液浓度为 1.57×108 CFU/ml 的大肠杆菌诱导小鼠腹泻的发病率为 87.5%。建模成功后，给予了不同剂量的中药复方提取浓缩液，以 0.4ml/20g 体重体积进行灌胃给药，结果表明，此复方对番泻叶引起的腹泻治疗效果不佳，有效率仅为 30% 左右，其原因有待进一步研究；但对大肠杆菌型小鼠腹泻的治疗效果优于对番泻叶所致的腹泻。开展了藏草药治疗牛羊脑包虫病的动物试验，结果表明前期筛选的藏草药具有降低动物患脑包虫病的概率；开展了抗脑包虫病藏药复方片剂的外观性状、溶解度、相对密度、熔点、旋光度、折光率、吸收系数、酸值等方面检验。完成了蓝花侧金盏的动物试验及螨感染后兔子的血清学抗氧化指标变化分析。发表论文 2 篇。

2 种生物转化兽用中药制剂生产关键技术研究与应用

课题性质：公益性行业（农业）科研专项

项目编号：201303040 - 15　　　　　　　　　　**起止年限**：2013.01—2017.12

资助经费：200.00 万元

主持人及职称：李建喜　研究员

参　加　人：张景艳　秦　哲　张　凯　王　磊　孟嘉仁　王旭荣

执行情况：针对前期研发的 2 种发酵中药制剂"参芪散"和"曲枳散"，分别对相关发酵成分的工艺参数和技术路线进行优化，按照新型中兽药注册要求制定标准控制的生产关键技术，进行了 2 种制剂的中试生产；根据 2 种中兽药制剂各组成成分及相关发酵产物的生产工艺优化参数和配方的最佳组成成分，利用显微观察、薄层色谱法及高效液相色谱技术，开展新型制剂的质量标准及检测控制技术研究，建立了"曲枳散"质量标准。为获得转化黄芪多糖高产菌株，利用物理和化学诱变的方法对从鸡肠道分离出可用于发酵黄芪转化多糖非解乳糖链球菌 FGM 进行诱变，筛选出可稳定遗传的正突变菌株共 2 株，其中 UN10 - 1 发酵黄芪后产物中多糖含量提高了 94.99%，并对 FGM9 菌株及其发酵物进行了安全性评价。培养硕士研究生 2 名，发表论文 2 篇，获得发明专利 2 项，实用新型专利 2 项。

防治仔畜腹泻中兽药复方口服液生产关键技术研究与应用

课题性质：公益性行业（农业）科研专项

项目编号：201303040 - 17　　　　　　　　　　**起止年限**：2013.01—2017.12

资助经费：75.00 万元

主持人及职称：刘永明　研究员

参　加　人：王胜义　齐志明　王　慧　刘世祥　荔　霞

执行情况：通过正交试验和单因素考察，优化了制剂的最佳制备工艺，试验中药材量放大 10 倍，制剂中盐酸小檗碱和厚朴酚含量没有影响，提示工艺重现性良好。28d 的亚慢性毒性试验表明，苍朴口服液不影响动物的采食、活动、饮水，不会引起动物的发病和死亡，对动物的增重及饲料消耗无影响。对动物的血液生理指标和血液生化指标无影响，通过测量脏器系数和病理切片检测，药物不会给动物的实质器官带来损害，在上述给药剂量下大鼠连续给药 28d 是安全的。质量控制研究中，通过处方药材薄层色谱鉴别，斑点清楚，分离效果好，阴性无干扰，专属性强；有效成分含量测定采用高效液相色谱法，试验结果表明该方法简便可靠、精密度高、分离度好，可用于苍朴口服液的质量控制。发表文章 3 篇，其中 SCI 1 篇。

防治猪气喘病中兽药制剂生产关键技术研究与应用

课题性质：公益性行业（农业）科研专项

项目编号：201303040 - 18　　　　　　　　　　　　**起止年限：**2013. 01—2017. 12

资助经费：100. 00 万元

主持人及职称：郑继方　研究员

参　加　人：辛蕊华　王贵波　谢家声　罗永江　罗超应　李锦宇

执行情况：项目组继续对防治猪气喘病的中药颗粒剂的制备进行处方筛选，优化制备工艺。开展小鼠的急性毒性试验，Bliss 方法计算结果表明 3 对小鼠的 LD_{50} 为 319. 16g/（kg·bw），95% 的可信限为 270. 31 ~ 363. 68g/（kg·bw），根据标准判定可视为实际无毒产品。开展 Wistar 大鼠的亚慢性毒性试验，结果表明组方 3 在实验动物进食量、饮水量、精神状态、呼吸情况、被毛光泽度以及体温等方面均无异常变化，各脏器指数与对照组相比均无显著性差异（$P > 0.05$），实验动物的血液生理生化指标及病理组织方面与对照组相比无显著性差异 $P > 0.05$）。开展通过大鼠祛痰试验、小鼠镇咳试验及豚鼠平喘试验，结果表明：中、高剂量的紫菀百部颗粒具有明显的祛痰镇咳及平喘的效果；考察该制剂对犬及小鼠的安全药理学试验；考察采用正交试验筛选出该组方的提取方法为优化条件为 $A_3B_3C_1$；建立该组方中紫菀酮的 HPLC 含量测定方法；建立对组方中药材的薄层鉴别方法；通过加速试验和长期稳定性试验考察该制剂的稳定性。

放牧牛羊营养均衡需要研究与示范

课题性质：公益性行业专项子课题

项目编号：201303062　　　　　　　　　　　　**起止年限：**2011. 01—2015. 12

资助经费：162. 00 万元

主持人及职称：朱新书　研究员

参　加　人：包鹏甲　王宏博

执行情况：完成了甘南牧区典型草场春、夏、秋、冬四季牧草产草量的测定和牧草样品采集工作，共采集牧草样品 100 余个，测定了不同季节 12 个样区 36 个样点的牧草产草量；完成了主要牧草（包括：莎科牧草、禾本科牧草，杂草等）的营养成分分析工作，取得了相应的数据，为建立甘肃牧区典型草场牧草营养价值数据库奠定了基础。完成了成年母羊和后备母羊在牧草返青期（春季）、牧草旺盛期（夏季）、牧草枯黄期（秋季）及乏草期（冬季）四个季节的放牧采食量试验，共采集试验羊粪样 260 余个，混合采食牧草样品 10 余个；完成了成年母羊粪样和草样中的链烷烃含量的测定，获得了成年母羊放牧采食量和营养摄入量的相关营养供给数据，为建立成年母羊放牧采食量四季变化规律及其营养供给数据库奠定了基础；完成了后备母羊（羔羊）四季放牧采食量试验及其变化规律的研究。培训基层科技人员和农牧民 200 人次，发表论文 3 篇。

微生态制剂断奶安的研制

课题性质：公益性行业专项子课题

项目编号：201303038 - 4 - 1　　　　　　　起止年限：2013.01—2017.12

资助经费：46.00 万元

主持人及职称：蒲万霞　研究员

参　加　人：

执行情况：继续开展微生态制剂断奶安的质量稳定性研制工作。完成了断奶安亚慢性试验，结果表明，给药组与对照组的心脏、肝脏、脾脏、肺脏和肾脏组织石蜡切片染色镜检观察，各组织均未见明显病理变化。完成了断奶安耐受性试验，菌株可以耐受 58℃中水浴 10 分钟、64℃5 分钟；在不同酸度（2~4）的人工胃液中，存活率可达到 95%~123%；在 0.03%~0.3% 浓度的胆盐中，菌数目可达到 $1.68 \times 10^7 \sim 2.24 \times 10^7$ cfu/ml，存活率可达到 91%~122%；在 0.4%~1% 的浓度的胆盐中，存活率逐渐下降至 78%，菌含量仍可达到 10^7 cfu/ml。说明断奶安无毒副作用，对环境的耐受性良好。培养硕士研究生 1 名。发表论文 3 篇。

氟苯尼考复方注射剂的研制

课题性质：公益性行业专项子课题

项目编号：201303038 - 4 - 2　　　　　　　起止年限：2013.01—2017.12

资助经费：45.00 万元

主持人及职称：李剑勇　研究员

参　加　人：杨亚军　刘希望

执行情况：以复方氟苯尼考注射液的实验室工艺为基础，根据注射液 GMP 车间的具体条件进行氟苯尼考注射液制备工艺路线优化改进，并生产复方氟苯尼考注射液 5 批，每批 200L；对复方氟苯尼考注射液的质量标准（草案）进行进一步的完善；完成了复方制剂的影响因素试验和加速试验，结果表明，复方氟苯尼考注射液对强光照射、高温和高湿度等影响因素稳定；加速试验条件下，性状和质量稳定。培养硕士研究生 2 名，发表论文 3 篇。

青蒿素衍生物注射剂的研制

课题性质：公益性行业专项子课题

项目编号：201303038 - 4 - 23　　　　　　起止年限：2013.01—2017.12

资助经费：45.00 万元

主持人及职称：李　冰　助理研究员

参　加　人：周绪正　魏小娟　牛建荣　李金善

执行情况：主要进行了微乳形成因素的考察与优化及青蒿琥酯微乳稳定性实验。通过进一步优化微乳体系，选用非离子型表面活性剂：F68（泊洛沙姆 188）；RH40（聚氧乙烯氢化蓖麻油）；HS.15（聚乙二醇 - 12 - 羟基硬脂酸酯）；OP 乳化剂（壬基酚聚氧乙烯醚）；大豆卵磷脂；Tween.80；S LP（注射用豆磷脂）。助表面活性剂：乙醇；1，2. 丙二醇；丙三醇；异丙醇；正丁醇。油：EO（油酸乙酯）；IPM（肉豆蔻酸异丙酯）；Miglyol812（中碳链三甘酯）；注射用大豆油；色拉调和油；三辛酸葵酸甘油酯；蓖麻油。水相选用超纯水。用微乳的评价指标和 HLB（亲水亲油平衡值），通过滴定法绘制伪三元相图，研究其处方的组成、温度、Km、离子浓度和添加物对微乳形成的影响。继续开展了不同配方微乳注射液的稳定性研究，结果发现微乳在 6 个月有明显破乳现象，药物含量明显下降，配方还有待进一步优化。

牛重大瘟病辨证施治关键技术研究与示范

课题性质：公益性行业专项子课题

项目编号：201403051 – 06   起止年限：2014. 01—2018. 12

资助经费：159. 00 万元

主持人及职称：郑继方   研究员

参 加 人：罗永江   辛蕊华   王贵波   罗超应   李锦宇   谢家声

执行情况：收集整理有关口蹄疫防控资料。在图书馆（包括相关单位图书馆）查阅有关口蹄疫的相关书籍，利用网络数据库资源（中国知网、维普数据库等）查阅相关资料，整理、归纳口蹄疫疾病的发展历史、防控历史和防控现状。在甘肃、四川等省收集中兽医临床专家有关口蹄疫的防治经验，并将这些资料归纳整理，形成了从概述、病因病机、症状表现、治疗等方面阐述的防治口蹄疫的文字材料。开展了中药组方对二甲苯抑制实验，选取和制备 4 个中兽医组方，在实验室进行了二甲苯致小鼠耳廓肿胀的抑制作用试验，对小白鼠免疫器官的影响试验，对小白鼠血液和生产性能的影响试验。结果表明，四个组方均能不同程度地抑制二甲苯所致的小鼠耳廓肿胀度，尤其是组方 1 和组方 3 作用最强；组方 2 对小鼠的生产性能作用最强；组方 2 和组方 3 对小鼠免疫器官（脾脏和胸腺）的脏器指数作用最大；与空白对照比较，方 1、方 2、方 3 组小鼠的 MCV、MCH 存在显著性差异，方 1 的 HGB、HCT 存在显著性差异，但均在正常值范围内。

生物兽药新产品研究和创制

课题性质：863 计划子课题

项目编号：2011AA10A214   起止年限：2011. 01—2015. 12

资助经费：21. 50 万元

主持人及职称：梁剑平   研究员

参 加 人：刘 宇   尚若锋   郝宝成   王学红   郭志廷   郭文柱   华兰英

执行情况：开展苦豆子总碱灌注液体外抑菌活性实验、急性毒性实验和刺激性实验，研究得到其对表皮葡萄球菌、大肠杆菌、无乳链球菌、金黄色葡萄球菌的最小抑菌浓度（MIC）分别为 4.5mg/ml、3.5mg/ml、3.0mg/ml、2.5mg/ml，对雌性和雄性各半并随机分组的小白鼠的急性腹腔注射 LD_{50} 分别为 559. 24mg/kg，在给与兔子眼黏膜刺激性试验时眼刺激性综合平均值基本在 0～4 之间，进一步验证其具有杀灭细菌、低毒性和低刺激的良好效果。并采用薄层色谱法和高效液相色谱法等建立苦豆子总碱灌注液的质量标准；按照新兽药申报要求开展临床试验，结果显示灌注液对多例奶牛乳房炎均有良好的治疗效果；与承德金奥生物技术开发有限公司联合进行苦豆子总碱灌注液中试工艺研究，优化生产工艺，为苦豆子总碱灌注液新兽药的申报奠定基础。培养硕士研究生 1 名，发表文章 4 篇，申请实用新型专利 2 项。

新型中兽药射干地龙颗粒的研制与开发

课题性质：科研院所技术开发研究专项资金

项目编号：2012GB23260560　　　　　　　　　起止年限：2013.01—2015.12

资助经费：85.00 万元

主持人及职称：罗超应　副研究员

参　加　人：谢家声　李锦宇　王贵波　辛蕊华　罗永江　郑继方

执行情况：先后完成了射干地龙颗粒新兽药注册申报第二次补充材料和射干地龙颗粒新兽药复审材料，并上报农业部兽药评审中心。继续开展射干地龙颗粒推广应用工作，目前已在甘肃省会宁、陇西、榆中和临潭等地，四川清淞湖养殖有限公司、自贡市新五洲养殖有限公司推广发放，预计应用肉蛋鸡60万羽。验证射干地龙颗粒临床疗效，永登大同镇养鸡场，2 000余羽鸡患呼吸道疾病，每天死亡20～30羽，经用射干地龙颗粒3天后，每天死亡鸡逐渐降到3～4只。发表论文4篇。

奶牛乳房炎病原菌高通量检测技术与三联疫苗引进和应用

课题性质：948 项目

项目编号：2014－Z9　　　　　　　　　　　　起止年限：2014.01—2014.12

资助经费：80.00 万元

主持人及职称：李建喜　副研究员

参　加　人：张景艳　王旭荣　王　磊　孔晓军

执行情况：根据农业部主管司局的要求和专家审核意见，修改填报合同任务书并制定了项目的研究方案。先后于3月在中国农业大学动物营养重点实验室、6月在西安奶业大会体系交流会、7月在西班牙海博莱公司和位于马德里的康普顿大学兽医学会进行了奶牛乳房炎防治经验与技术交流，并邀请西班牙海博莱公司执行总监 Carlos 和亚太地区经理 Peter 先生来所进行了交流。10月份研究所和西班牙海博莱公司签订了合作备忘录，拟在动物疾病的综合防治方面开展长期国际科技合作，制定开展奶牛乳房炎 Startvac 疫苗联合中兽药"蒲行淫羊散"防治中国奶牛乳房炎的临床有效性验证研究的试验方案，并通过了农业部兽医局审核。对试验牛场进行了筛选，拟在甘肃、宁夏、陕西、山西和内蒙古分别选取1个试验牛场，进行临床预防奶牛乳房炎的有效性试验。

新型高效安全兽用药物"呼康"的研究与示范

课题性质：甘肃省科技重大专项

项目编号：1302NKDA024　　　　　　　　　　起止年限：2013.01—2015.12

资助经费：140.00 万元

主持人及职称：李剑勇　研究员

参　加　人：杨亚军　刘希望

执行情况：采用液相色谱法建立了氟苯尼考和氟尼辛葡甲胺的血药浓度检测方法，开展了复方制剂在健康仔猪体内的药代动力学研究，结果表明氟苯尼考在猪体内药代动力学模型符合一级吸收一室开放模型，最大血药浓度 C_{max} 为 $8.42 \pm 1.85 \mu g \cdot ml^{-1}$；达峰时间 T_{max} 为 $2.09 \pm 0.59 h$；吸收缓慢、消除缓慢、达峰时间较长，维持有效血药浓度时间长；氟尼辛葡甲胺在仔猪体内的血药浓度－时间拟合符合一级吸收二室开放模型，达峰时间 T_{max} 为 $0.60 \pm 0.21 h$；达峰浓度 C_{max} $3.97 \pm 0.62 \mu g \cdot ml^{-1}$；吸收半衰期 $T_{1/2\alpha}$ 为

$0.82 \pm 0.38h$；消除半衰期 $T_{1/2\beta}$ 为 $10.55 \pm 7.15h$；吸收速度快、达峰时间短、半衰期较长、消除较慢。取得了复方制剂开展临床实验的批复件，开展了靶动物安全性实验、人工感染治疗试验及临床病例的治疗实验，结果显示，中高剂量的新型复方制剂对人工多杀性巴氏杆菌和链球菌感染病例有很好的治疗效果，优于对照的单方制剂。氟苯尼考和氟尼辛葡甲胺在猪的可食性组织中的残留消除迅速，符合国家法规的规定。培养硕士研究生 2 名，发表论文 3 篇，获得发明专利 1 项。

防治猪气喘病中药颗粒剂的研究

课题性质：甘肃省科技支撑计划项目

项目编号：1304NKCA155　　　　　　　　　　　　　**起止年限：**2013.01—2015.12

资助经费：7.00 万元

主持人及职称：辛蕊华　研究员

参　加　人：郑继方　罗永江

执行情况：根据小鼠急性毒性试验结果，经过 Bliss 方法计算组方 3 对小鼠的 LD_{50} 为 $319.16g/$（$kg \cdot bw$），95% 的可信限为 $270.31 \sim 363.68g/$（$kg \cdot bw$），根据标准判定为实际无毒产品；通过 Wistar 大鼠的亚慢性毒性试验结果，表明组方 3 在实验动物进食量、饮水量、精神状态、呼吸情况、被毛光泽度以及体温等方面均无异常变化，各脏器指数与对照组相比均无显著性差异（$P > 0.05$），实验动物的血液生理生化指标及病理组织方面与对照组相比无显著性差异（$P > 0.05$）；通过大鼠祛痰试验、小鼠镇咳试验及豚鼠平喘试验结果表明，中、高剂量的紫菀百部颗粒具有明显的祛痰、镇咳及平喘的效果；考察该制剂对犬及小鼠的安全药理学试验；考察采用正交试验筛选出该组方的提取方法为优化条件为 $A_3B_3C_1$；建立该组方中紫菀酮的 HPLC 含量测定方法：采用 C_{18} 反相柱，以乙腈 – 水为流动相，检测波长为 200 nm，回归方程为 $A = 11\,481C + 36\,617$（$R^2 = 1$，$n = 6$），其线性范围为 $10.2 \sim 510.0$ μg/ml；建立对组方中紫菀、百部等药味的薄层鉴别方法；通过加速试验和长期稳定性试验考察该制剂的稳定性。

奶牛子官内膜炎病原检测及诊断一体化技术研究

课题性质：甘肃省国际科技合作计划

项目编号：1304WCGA172　　　　　　　　　　　　**起止年限：**2013.01—2015.12

资助经费：10.00 万元

主持人及职称：蒲万霞　副研究员

参　加　人：

执行情况：从甘肃定西天辰奶牛场、兰州城关奶牛场、甘肃秦王川奶牛场、景泰奶牛场等 4 个牛场采集牛奶及工人手拭子、器械样品 1 250 份，分离出葡萄球菌 125 株，用表型和分子生物学方法检测出 mecA 阳性金黄色葡萄球菌 42 株，确认为耐甲氧西林金黄色葡萄球菌，并在 MLST 数据库提供新型金黄色葡萄球菌菌株 3 个。培养研究生 1 名，发表 SCI 论文 1 篇。

益生菌转化兽用中药技术熟化与应用

课题性质：中小企业创新基金

项目编号：1305NCCA260　　　　　　　　　　　　　**起止年限：**2013.01—2015.12

资助经费：20.00 万元

主持人及职称：王　瑜　助理研究员

参　加　人：陈化琦

执行情况：在已建立的体外发酵黄芪转化多糖的技术体系基础上，采用均匀设计法优化发酵培养基，其配方成分包括乳清粉、蛋白胨、葡萄糖、酵母膏和 $K_2HPO_4 - KH_2PO_4$。用正交试验优化了 FGM9 的发酵罐生产工艺，确定其发酵最优工艺为发酵时间 48h，接菌量 5%，黄芪量为 8%，温度 39℃，pH 值为 6.4，溶氧量 10%，中和剂为 6mol/L 的 NaOH，转速为 200r/min。然后考察了发酵工艺的稳定性，并明确了经发酵后提取的多糖含量比相同条件下生药黄芪多糖含量提高 2.5 倍。依据优化的小试发酵工艺建立中药生物发酵中试生产工艺。通过实验确定了碱罐、种子罐和发酵罐的工艺参数，建立中药灭菌到发酵中试生产线。

防治奶牛卵巢疾病中药 "催情助孕液" 示范与推广

课题性质：甘肃省成果转化项目

项目编号：1305NCNA139　　　　　　　起止年限：2013.01—2015.12

资助经费：15.00 万元

主持人及职称：陈化琦　助理研究员

参　加　人：王　瑜

执行情况：开展了治疗奶牛不发情中药制剂 "催情助孕液" 即 "藿芪灌注液" 的毒理学、药理学和安全性评价、临床试验、质量标准制订以及稳定性试验研究，在 GMP 车间开展了中试生产工艺研究，完成了 3 批中试生产，汇总了 3 批产品的批生产记录，委托西北民族大学完成了 "藿芪灌注液" 的靶动物安全性试验、实验性临床试验和临床扩大试验，完善了新兽药注册申报材料，向农业部提交了新兽药申报材料。

高寒低氧胁迫下牦牛 HIF－1α 对 microRNA 的表达调控机制研究

课题性质：甘肃省杰出青年科学基金

项目编号：1308RJDA015　　　　　　　起止年限：2013.01—2015.12

资助经费：20.00 万元

主持人及职称：丁学智　助理研究员

参　加　人：阎　萍　梁春年　郭　宪　包鹏甲

执行情况：构建了牦牛肝脏组织小 RNA 文库，采用 Solexa 测序技术检测了不同组织中 miRNA 的表达谱，鉴定了低氧适应发生相关 miRNA，并对这些 miRNA 的表达情况和潜在功能进行了全面分析和预测。文库小 RNA 长度分布 22nt 小 RNA 序列是最多的，其次为 21nt 和 23nt 序列，21－23nt 小 RNA 序列共占总序列的 60% 以上；基因组定位后，为了将每一条小 RNA 序列分类注释，分别与 Rfam 和 NCBI GenBank 数据库中的 rRNAetc、已知本物种的 miRNA、repeat－associated small RNA 等进行比对。对预测出的 2286 个靶基因进行 GO 分类，主要从生物学过程和分子功能 2 个方面进行归类，分别涉及靶基因 89 个和 82 个。靶基因几乎参与了全部的生物学过程，参与功能最多的是结合活性，表明 miRNA 主要作为调节因子发挥牦牛在高寒低氧适应过程中的调节作用。发表 SCI 文章 2 篇。

牛源耐甲氧西林金色葡萄球菌检测及 SCCmec 耐药基因分型研究

课题性质：甘肃省自然基金

项目编号：1308RJZA119　　　　　　　　　　**起止年限：**2013.01—2015.12

资助经费：3.00 万元

主持人及职称：李新圃　助理研究员

参　加　人：李宏胜　罗金印

执行情况：从兰州、陕西、山西、宁夏、河南部分奶牛场采集临床型乳房炎乳样 200 余份，在细菌普通鉴定和生化鉴定的基础上，采用基因鉴定检测出奶牛乳房炎乳汁中的耐甲氧西林金色葡萄球菌（MRSA），并且对 MRSA 进行 SCCmec 基因分型研究。结果检出金色葡萄球菌 11 株，并进行 MRSA 表型筛查，未发现 MRSA 阳性的菌株。需要扩大采集范围，增加采样数量，以便获得一定数量的 MRSA，确保项目顺利完成。获得实用新型专利 3 项，发表论文 1 篇。

奶牛乳房炎无乳链球菌快速诊断试剂盒的研制及应用

课题性质：甘肃省农业生物技术研究与应用开发

项目编号：GNSW - 2013 - 28　　　　　　　　**起止年限：**2013.01—2015.12

资助经费：8.00 万元

主持人及职称：王旭荣　副研究员

参　加　人：李宏胜　王东升　张世栋

执行情况：通过文献查阅，参考 GenBank 数据中无乳链球菌全基因组序列的保守区设计无乳链球菌的特异性引物，优化特异性引物的反应体系和反应条件，简化生化鉴定项目，形成具有特色的将细菌形态学观察、接触酶试验、CAMP 反应和 PCR 检测联合使用的复合鉴定方法，能够简化鉴定程序，特异性强，敏感性提高 15% 以上，且鉴定成本低、耗时短。申报发明专利 1 项，获得实用新型专利 4 项，发表文章 4 篇。

抗奶牛乳房炎耐药性菌复合卵黄抗体纳米脂质体制剂的研发

课题性质：甘肃省农业生物技术研究与应用开发

项目编号：GNSW - 2013 - 29　　　　　　　　**起止年限：**2013.01—2015.12

资助经费：8.00 万元

主持人及职称：王　玲　副研究员

参　加　人：刘　宇

执行情况：完成耐药菌菌体蛋白抗原制备工艺研究，分别制备了 4 种耐药致病菌（无乳、停乳、金葡、大肠）的单菌浓缩蛋白抗原及其混合菌复合浓缩蛋白抗原；制定免疫程序，测定卵黄抗体的蛋白质含量及进行抗体效价检测，证实复合菌体蛋白抗原产生的效价高于单一菌体蛋白的效价；提取分离 IgY，优化工艺条件，得到纯度 90% 以上的 IgY；完成特异性复合 IgY 体外抑菌、交叉抑菌生物活性研究，证实了抗单菌卵黄抗体的抑菌专一性，以及混合菌的卵黄抗体能够有效的抑制各单菌的生长的特异性；完成抗奶牛乳房炎耐药致病菌复合卵黄抗体的性质研究，采用 ELISA 法测定 IgY 的稳定性，结果表明 IgY 在中性、弱酸、弱碱环境中十分稳定，对胰蛋白酶十分敏感，且具有耐受反复冻融的特性。

畜禽呼吸道疾病防治新兽药"菌毒清"的中试及产业化

课题性质：甘肃省农业科技创新项目

项目编号：GNCX－2013－56　　　　　　　　　　**起止年限：**2013.01—2015.12

资助经费：8.00 万元

主持人及职称：陈化琦　助理研究员

参　加　人：王　瑜

执行情况：在中国农业科学院中兽医研究所药厂生产了 2 批"菌毒清"口服液中试产品，共计 20 万 ml。根据"菌毒清"质量标准要求，完善了中试生产工艺，对其煎煮加水量、浓缩程度、相对密度测定时的温度进行了调整；根据农业部兽药评审中心的要求完善了配方药材鉴别。根据研究结果，建议删除山豆根作为鉴别项，并上报；在天水市秦州区嘉信奶牛场、张掖市甘州区示范区进行了奶牛、鸡呼吸道疾病防治推广示范工作，共防治奶牛 1 000 头，鸡 2 000 羽，取得了良好的效果。培养研究生 1 名，发表文章 2 篇，申报发明专利 1 项。

辐射诱变与分子标记选育耐盐苜蓿新品种

课题性质：甘肃省农业科技创新项目

项目编号：GNCX－2013－58　　　　　　　　　　**起止年限：**2013.01—2015.12

资助经费：8.00 万元

主持人及职称：张怀山　助理研究员

参　加　人：田福平　张　茜

执行情况：在永登秦王川试验基地建立耐盐苜蓿育种试验地 4 亩，对 M3 代苜蓿辐射突变材料进行了耐盐性田间筛选鉴定。在实验室对苜蓿材料在不同盐浓度处理下的生理生化指标进行了测定，筛选出耐盐性强苜蓿新品系 2 个。利用分子标记技术，对耐盐苜蓿新品系与亲本品种遗传差异、遗传距离进行了分析鉴定。并对苜蓿新品系的染色体进行压片制作、核型分析。以陇中苜蓿为对照，进行耐盐苜蓿新品系的品比试验。建立耐盐苜蓿新品系种子繁育田 4 亩。获得实用新型专利 5 项，发表文章 9 篇。

奶牛乳房炎综合防控关键技术的示范与推广

课题性质：甘肃省农业科技创新项目

项目编号：GNCX－2013－59　　　　　　　　　　**起止年限：**2013.01—2015.12

资助经费：8.00 万元

主持人及职称：李宏胜　研究员

参　加　人：杨　峰　罗金印

执行情况：对甘肃省荷斯坦奶牛示范中心、甘肃秦王川奶牛场、兰州五泉奶牛场 934 头泌乳牛进行了隐性乳房炎检测，结果表明，隐性乳房炎平均头阳性率为 52.89%，乳区阳性率为 26.54%。从三个奶牛场采集临床乳房炎及隐性乳房炎病乳 126 份，进行了细菌分离与鉴定工作，并对分离鉴定出的无乳、停乳和金葡菌进行了冻干保存，同时对部分菌株进行了抗生素耐药情况观察。对乳房炎疫苗的中试生产条件进行了研究，采用摇床发酵培养分别生产了 3 批铝胶佐剂乳房炎多联苗共计 15 000ml，经无菌检测、家兔及奶牛安全检测均合格。在甘肃省荷斯坦奶牛示范中心、甘肃秦王川奶牛场、兰州五泉奶牛场对 1 200 头泌乳奶牛进行了疫苗免疫效果观察试验。发表文章 4 篇，其中 SCI 1 篇，获得实用新型专利 14 项，申请发明专利 1 项。

黄土高原半干旱荒漠地区盐碱地优良牧草适应性研究及推广

课题性质：兰州市科技计划

项目编号：2013 – 4 – 155 **起止年限**：2013.01—2015.12

资助经费：10.00 万元

主持人及职称：路 远 助理研究员

参 加 人：时永杰 田福平 胡 宇

执行情况：引进和收集国内外优良品种 20 个（包括豆科、禾本科以及小灌木）左右，开展种子的发芽试验，确定最后播种的牧草品种为中兰 2 号紫花苜蓿、333 箭舌豌豆、燕麦草、垂穗披碱草等优良品种，记录了物候期观测、株高和生长速度等，并采集了种植前和生长季结束后的土样，分别进行了全 N、P、K，速效 N、P、K，有机质，PH 值，全盐量测定。

防治家禽免疫抑制病多糖复合微生态免疫增强剂的研制与应用

课题性质：兰州市科技计划

项目编号：2013 – 4 – 90 **起止年限**：2013.01—2015.12

资助经费：10.00 万元

主持人及职称：陈炅然 助理研究员

参 加 人：

执行情况：开展微生态制剂的制备研究，结果表明当微胶囊的最佳配方为海藻酸钠 20g/L，氯化钙 30g/L，m（菌液）：m（海藻酸钠）=2：3，壳聚糖 20g/L 时，包埋效果最好。开展微生态制剂抗雏鸡人工感染法氏囊病毒试验研究，结果表明该制剂能显著提高机体的细胞和体液免疫功能，降低传染性法氏囊病病毒对机体造成的损伤，调节机体的免疫力，具有一定的抗 IBDV 的作用。微生态制剂对鸡肠道菌群定植的影响研究表明，肉鸡饲喂微生态制剂后，其肠道内乳酸杆菌、双歧杆菌的数量明显上升，大肠杆菌的数量显著降低，从而减少有害物质产生，净化体内外环境，有利于动物的健康和生长。微生态制剂的安全性及稳定性研究表明，该微生态制剂安全无毒，提高了活菌存活率，延长了活菌常温保存期。

治疗奶牛乳房炎中兽药乳房注入剂的试验研究

课题性质：横向合作

项目编号：1610322012012 **起止年限**：2011.08—2015.12

资助经费：80.00 万元

主持人及职称：梁剑平 研究员

参 加 人：郭文柱 王学红 尚若峰 华兰英 郭志廷

执行情况：利用超声波技术对苦豆子总碱的提取进行试验研究并进行验证。苦豆子总碱体外抑菌活性研究采用琼脂稀释法进行体外抑菌试验。结果表明，苦豆子总碱对表皮葡萄球菌、大肠杆菌、无乳链球菌、金黄色葡萄球菌的最小抑菌浓度（MIC）分别为 4.5mg/ml、3.5mg/ml、3.0mg/ml、2.5mg/ml。完成苦豆子总碱灌注液小鼠急性毒性试验。苦豆子总碱灌注液对雌性和雄性各半并随机分组的小白鼠的急性腹腔注射 LD_{50} 分别为 559.24mg/kg，其 95% 可信限范围为 471.95mg/kg～663.59mg/kg，属于低毒性。完成苦豆子总碱灌注液刺激性实验。结果显示苦豆子总碱灌注液的皮肤刺激反应程度为轻度刺激；局部属于无刺激性。建立苦豆子灌注剂的质量标准。采用薄层色谱法（TLC）法对苦豆子灌注剂进行定性鉴别；采用高效液相色谱法测定槐定碱含量。TLC中，苦豆子灌注剂与槐定碱对照品在相应位置上显相同颜色的斑点，且专属性强、分离效果好。

猪肺炎药物新制剂（肺康）合作开发

课题性质：横向合作

项目编号：　　　　　　　　　　　　　　起止年限：2013.03—2016.03

资助经费：50.00 万元

主持人及职称：李剑勇　研究员

参　加　人：杨亚军　刘希望

执行情况：以肺康的实验室工艺为基础，根据注射液 GMP 车间的具体条件进行制剂的生产工艺优化改进，并生产肺康新制剂 5 批，每批 200L；完善肺康的质量标准（草案）；完成了肺康的影响因素试验和加速试验，正在考察长期稳定性，结果表明，肺康对强光照射、高温和高湿度等影响因素稳定；加速试验条件下，性状和质量稳定。培养硕士研究生 2 名，发表论文 3 篇。

"催情促孕灌注液"中药制剂的研制与开发

课题性质：横向合作

项目编号：　　　　　　　　　　　　　　起止年限：2013.01—2016.12

资助经费：40.00 万元

主持人及职称：严作廷　研究员

参　加　人：苗小楼　王东升　董书伟　张世栋

执行情况：完善中药制剂催情促孕灌注液的质量标准，建立并修订了益母草的鉴别方法及制剂中黄芪甲苷的含量测定方法。制备 3 批样品，在甘肃省兽药饲料监察所进行了复核。开展长期稳定性试验：3 批样品模拟市售包装，在 25℃ ±2℃，相对湿度 60% ±10% 的条件下放置 18 个月后考察制剂中性状、鉴别、淫羊藿苷含量、黄芪甲苷含量、pH 值、无菌等指标。结果表明，性状、鉴别、pH 值、无菌检查均无明显变化，淫羊藿苷和黄芪甲苷含量在放置 18 个月后没有明显变化，其他项目均稳定，因此有效期暂定 2 年；委托西北民族大学完成了治疗奶牛卵巢静止和持久黄体中兽药催情促孕灌注液的临床试验，撰写了新兽药申报材料，已提交农业部新兽药评审中心；制备催情促孕灌注液 348 瓶，在甘肃荷斯坦奶牛繁育示范中心奶牛场、吴忠市小西牛养殖有限公司等奶牛场进行了临床试验。获得实用新型专利 2 项，发表文章 2 篇。

抗病毒新兽药"金丝桃素"成果

课题性质：横向委托

项目编号：　　　　　　　　　　　　　　起止年限：2013.01—2015.12

资助经费：40.00 万元

主持人及职称：梁剑平　研究员

参　加　人：郭文柱　刘　宇

执行情况：在以前贯叶金丝桃散三类新兽药报批的基础上进行试验完善。已经完成了贯叶金丝桃散的质量标准研究和质量标准制订草案工作，尤其是建立了贯叶金丝桃散中金丝桃素系统的含量测定和鉴定方法，建立的含量测定和鉴定方法简单易行，专属性强，且重复性较好，可有效地控制贯叶金丝桃散的质量。完成了贯叶金丝桃散对靶动物鸡的临床前安全性试验，通过眼观临床症状、血液生化指标、脏器指数以及组织病理学方面评价了该药物对靶动物的安全性，确定了临床使用贯叶金丝桃散的最大使用剂量，探讨该药物的临床使用安全性，具有一定的实用价值。完成了贯叶金丝桃散在温度、湿度、光线的影响下随时间的变化规律、储存条件。重点考察贯叶金丝桃散的性状、鉴别、干燥失重、灰分、重金属及金丝桃素含量在市售包装的条件下，放置一定时间后的质量变化。该研究探讨了贯叶金丝桃散的质量稳定性，为药品审评、包装、运输及储存提供必要的资料。发表文章 2 篇，其中 SCI 1 篇。

奶牛乳房炎灭活疫苗的研究与开发

课题类别：横向委托

项目编号：　　　　　　　　　　　　　　起止年限：2013. 12—2017. 10

资助经费：450. 00 万元

主持人及职称：李宏胜　研究员

参　加　人：杨　峰　罗金印　李新圃

执行情况：先后制备了 3 批奶牛乳房炎灭活多联苗，对每一批疫苗进行了物理性状、安全性、无菌及效力检测。进行小白鼠免疫抗体水平与泌乳牛攻毒保护效果之间的平行相关性研究，建立了用小鼠进行疫苗效力检测的方法。应用电镜技术探明了奶牛乳房炎金黄色葡萄球菌在不含乳清及含 5%、10% 乳清的肉汤培养基及琼脂平板培养基中培养后出现荚膜的情况，结果表明，奶牛乳房炎金黄色葡萄球菌在 10% 乳清营养肉汤及琼脂培养基中生长时最利于形成荚膜。

祁连山草原土壤－牧草－羊毛微量元素含量的相关性分析及补饲技术研究

课题类别：中央级公益性科研院所基本科研业务费专项资金项目

项目编号：1610322013003　　　　　　　起止年限：2013. 01—2014. 12

资助经费：20. 00 万元

主持人及职称：王　慧　助理研究员

参　加　人：刘永明　王胜义

执行情况：采用地统计学方法，绘制了祁连山地区放牧表层土壤铜、锰、铁、锌、硒 5 种微量元素的分布特征，为科学评价土壤的理化环境及制定针对性补饲提供科学依据。根据土、草、畜微量元素及乳成分检测结果，初步制定了适用于该地区的羔羊代乳粉配方。应用复合微量元素营养舔砖对该地区的藏羊进行补饲。结果表明，复合微量元素营养舔砖极显著提高了羔羊的成活率；平均每只羊每天消耗舔砖 13. 09g；舔砖可显著提高血清中 Mn、Fe、Se 的水平（$P < 0.01$），降低 MDA 含量（$P < 0.05$），增加 GSH 活性（$P < 0.05$）；可显著提高 T － AOC、T － SOD、MAO 活力（$P < 0.01$ or $P <$

0.05）；另外，可显著提高 IgA、IgM、IGF－1 的水平（P＜0.01 or P＜0.05）。病理组织学分析表明，长期补饲营养舔砖无毒性作用。肠道粘膜上皮细胞含有多种转运蛋白参与微量元素的吸收转运，但是微量元素 Mn 在肠道中的吸收转运机制仍不明确。发表文章 5 篇，其中 SCI 2 篇，获得实用新型专利 1 项。

计算机辅助抗寄生虫药物的设计与研究

课题类别：中央级公益性科研院所基本科研业务费专项资金项目

项目编号：1610322013005　　　　　　起止年限：2013.01—2014.12

资助经费：25.00 万元

主持人及职称：刘希望　助理研究员

参　　加　　人：李剑勇　杨亚军

执行情况：通过与 PFOR 酶的分子对接研究，设计了具有双酰胺结构的化合物。通过三步取代反应，完成了 9 个目标产物的合成。对合成的化合物进行了熔点、氢谱、碳谱、高分辨质谱的结构鉴定。开展了化合物对金黄色葡萄球菌、大肠杆菌、艰难梭菌及产气荚膜杆菌的最小抑菌浓度测定。发表 SCI 论文 1 篇，申请发明专利 1 项。

牛羊肉质量安全主要风险因子分析研究

课题类别：中央级公益性科研院所基本科研业务费专项资金项目

项目编号：1610322013008　　　　　　起止年限：2013.01—2014.12

资助经费：20.00 万元

主持人及职称：李维红　助理研究员

参　　加　　人：高雅琴　杜天庆　熊　琳

执行情况：采集了兰州城关区羊肉样品 11 份、牛肉样品 13 份；兰州七里河区羊肉样品 11 份、牛肉样品 12 份，平凉市崆峒区羊肉样品 14 份、牛肉样品 14 份，天水秦州区羊肉样品 3 份、牛肉样品 5 份，武威凉州区羊肉样品 4 份、牛肉样品 4 份，张掖甘州区羊肉样品 18 份、牛肉样品 16 份，共计 125 份样品，样品均在密封袋中密封保存，－20℃冰箱中储存备用。深入具有代表性的羊产业区靖远做了用药情况的第一手资料搜集，以便掌握残留方向。5—8 月集中检测所采集的牛羊肉样本 125 份，取得了 5 个地方的牛羊肉中 4 种雌激素的含量，制定完善了 4 种雌激素的监测方法标准草案。结合畜产品风险评估的任务，采取这种方法为农业部风险评估提供了第一手的可靠数据。取得实用新型专利 2 项，发表文章 2 篇，其中 SCI 1 篇。

大通牦牛无角基因功能研究

课题类别：中央级公益性科研院所基本科研业务费专项资金项目

项目编号：1610322014002　　　　　　起止年限：2014.01—2014.12

资助经费：10.00 万元

主持人及职称：褚　敏　助理研究员

参　　加　　人：阎　萍　梁春年　郭　宪　丁学智　包鹏甲

执行情况：在青海大通牦牛种牛场采集年龄性别一致的有角及无角牦牛个体血样各 300 头，并提取基因组 DNA 用于基因序列测定和 DNA 多态性位点检测。采集出生 2 天内无角及有角犊牛角部组织样本各 10 头，以备后续实验使用，正在采集胚胎期不同时期角部组织样本。已完成 SYNJ1、GCFC1 和 C1H21orf62 三个基因的外显子区多态性位点检测工作，未发现与角性状有显著相关的 SNP 位点，已完成大通无角牦牛线粒体测序和线粒体全序列的基因注释工作，已完成牦牛 C1H21orf62、SYNJ1、RXFP2 基因的编码区的序列克隆工作，并采用实时荧光定量 PCR 方法检测牦牛 C1H21orf62、SYNJ1、RXFP2、GCFC1、OLIG2 5 个基因在有角、无角牦牛角组织中的差异表达。获得实用新型专利 6 项，发表 SCI 文章 1 篇。

基于 Azamulin 结构改造的妙林类衍生物的合成及其生物活性研究

课题类别：中央级公益性科研院所基本科研业务费专项资金项目

项目编号：1610322014003 　　　　　　　**起止年限：**2014.01—2014.12

资助经费：12.00 万元

主持人及职称：尚若锋　　副研究员

参　加　人：梁剑平　郭文柱　王学红

执行情况：根据 azamulin 的分子结构，已完成 17 种新型衍生物的化学合成，并对化合物进行 IR、1H NMR、13C NMR 和 HRMS 结构鉴定。对合成的化合物进行生物活性研究，测定最小抑菌浓度（MIC）以及体外抗菌活性，并筛选出较延胡索酸泰妙菌素活性较好的化合物 2 个。完成这 2 个化合物小鼠的急性毒性实验和分子对接研究，并归纳出侧链中杂环上含有亲水基团的化合物生物活性较好。发表 SCI 论文 2 篇，申报发明专利 2 项。

药用植物精油对子宫内膜炎的作用机理研究

课题类别：中央级公益性科研院所基本科研业务费专项资金项目

项目编号：1610322014004 　　　　　　　**起止年限：**2014.01—2014.12

资助经费：10.00 万元

主持人及职称：王　磊　　助理研究员

参　加　人：李建喜　王旭荣　张景艳　孔晓军

执行情况：采用水蒸气蒸馏法和挥发油提取装置分别提取刘寄奴挥发油，得率分别为 0.0054% 和 0.0073%。在甘肃、山西、陕西、青海 4 省 7 个奶牛场共采集临床型奶牛子宫内膜炎病料 67 份，分离出 19 种类型 104 株细菌，大肠杆菌为主要病原菌，其次是化脓隐秘杆菌、短小芽孢杆菌、地衣芽孢杆菌。Kaiz 体外抑菌试验，评价了 14 种精油对子宫内膜炎主要致病菌的抑菌效果，筛选出 6 种杀菌效果良好的精油，分别为百里香油、樟脑油、香樟油、茶树油、薰衣草油和金银花油。建立大鼠子宫内膜炎动物模型，为防治奶牛子宫内膜炎药物的优选奠定了基础。获实用新型专利 2 项，发表 SCI 4 篇。

新型高效畜禽消毒剂"消特威"的研制与推广

课题类别：中央级公益性科研院所基本科研业务费专项资金项目

项目编号：1610322014008 　　　　　　　**起止年限：**2014.01—2014.12

资助经费：10.00 万元

主持人及职称：王　瑜　　助理研究员

参　加　人：陈化琦

执行情况：对"消特威"生产工艺进行优化并进行了验证，确定了在兽药 GMP 车间内规模化生产条件下的工艺规程。同时在中国农业科学院中兽医研究所药厂消毒剂 GMP 车间生产了共计 800kg 的 3 批样品，报送甘肃省兽药检查所检验和质量标准的复核。完成了"消特威"的药物稳定性，储存安全性试验研究。确定了"消特威"制剂的储存条件及有效期，表明"消特威"制剂基本稳定，有效期可以暂定为 2 年。完成了"消特威"消毒效果影响因素温度、有机物、菌种、pH 值影响试验。完成了"消特威"对雏鸡、小鼠及细胞的安全性试验及毒性实验。将"消特威"的中试产品投放到兰州市周边小型养殖场，收集实验效果数据。

首蓿碳储量年际变化及固碳机制的研究

课题类别：中央级公益性科研院所基本科研业务费专项资金项目

项目编号：1610322014009　　　　　　　　**起止年限**：2012.01—2014.12

资助经费：10.00 万元

主持人及职称：田福平　副研究员

参　加　人：时永杰　路　远　胡　宇　张小甫

执行情况：研究了 1～3 年首蓿草地地上生物量、地下生物量和凋落物的碳储量年际变化规律和固碳效应，获取首蓿草地土壤 0～150cm 根样 365 份，土壤样品 1 260 份，正在测定首蓿草地土壤 N、P、K、有机碳（SOC）、轻组有机碳（LFOC）和重组有机碳（HFOC）的变化规律。配合国家牧草区域试验，在定西、天水试验点繁育"中兰 2 号"首蓿种子并开展推广技术研究，繁育"中兰 2 号"首蓿种子 60kg，发表论文 3 篇。

基于 iTRAQ 技术的牦牛卵泡液差异蛋白质组学研究

课题类别：中央级公益性科研院所基本科研业务费专项资金项目

项目编号：1610322014010　　　　　　　　**起止年限**：2014.01—2014.12

资助经费：10.00 万元

主持人及职称：郭　宪　副研究员

参　加　人：阎　萍　梁春年　曾玉峰　丁学智　褚　敏

执行情况：应用同位素标记相对和绝对定量（Isobaric tags for relative and absolute quantitation，iTRAQ）技术筛选并鉴定牦牛繁殖季节与非繁殖季节卵泡液中的差异表达蛋白，并对其进行定量定性分析。本研究质谱鉴定到 310 001 张图谱，通过 Mascot 软件分析，匹配到的图谱数量是 42 994 张，其中 Unique 谱图数量是 28 894 张，共鉴定到 2620 个蛋白，11 654 个肽段，其中 9 755 个 Unique 肽段。经 3 次重复实验，共同筛选到上调蛋白 12 个，下调蛋白 83 个。通过质谱鉴定与生物信息学分析，包括 GO 富集分析、COG 分析、Pathway 代谢通路分析等，证实了其差异蛋白参与卵泡液发育过程的碳水化合物代谢、性激素合成、信号转导、细胞发育和细胞骨架重排等过程。发表 SCI 论文 1 篇。

藏药蓝花侧金盏有效部位杀螨作用机理研究

课题类别：中央级公益性科研院所基本科研业务费专项资金项目

项目编号：1610322014011　　　　　　　　**起止年限**：2014.01—2014.12

资助经费：6.00 万元

主持人及职称：尚小飞　助理研究员

参　　加　　人：潘虎　苗小楼

执行情况：应用生化分析法初步研究兔螨病的发病机理和蓝花侧金盏有效部位对螨虫代谢酶影响的研究，开展了基于差异蛋白组学药物杀螨机理的研究。结果表明，蓝花侧金盏能够抑制螨虫主要酶系的生物活性（SOD，POD，CAT，AchE，GST‐ST 等），且药物处理时间越长抑制作用就越显著；应用 HPLC‐MS 对蓝花侧金盏的化学成分进行了初步分析，通过质谱图中质核比推测化合物的分子量，在参考相关文献的基础上，确定药物活性部位的主要化学成分为黄酮类成分和苷类；在对四川省若尔盖县、甘肃甘南地区和西藏等地藏兽医药资源调查的基础上，完成《中国藏兽医药数据库》的建设。发表 SCI 文章 3 篇，申请软件著作权 1 项。

基于蛋白质组学和血液流变学研究奶牛蹄叶炎的发病机制

课题类别：中央级公益性科研院所基本科研业务费专项资金项目

项目编号：1610322014012　　　　　　　**起止年限**：2014.01—2014.12

资助经费：10.00 万元

主持人及职称：董书伟　助理研究员

参　　加　　人：严作廷　王东升　张世栋

执行情况：全面检索相关学术文献，完善试验方案，并请相关领域的专家对实验方案进行了论证，对可行性和新颖性做了评价。调查奶牛蹄叶炎的病因和发病情况，选择甘肃省荷斯坦奶牛繁育示范中心作为本实验的合作基地，并签订合作协议。收集奶牛血样，其中蹄叶炎患病奶牛 20 头，健康奶牛 14 头，每隔 10 天定期采集样品，分别采集 4 次，在采集后 4 小时内检测血常规和血液流变学指标，具体结果尚在整理分析中。

含有碱性基团兽药残留 QuEChERS/液相色谱‐串联质谱法检测条件的建立

课题类别：中央级公益性科研院所基本科研业务费专项资金项目

项目编号：1610322014012　　　　　　　**起止年限**：2014.01—2014.12

资助经费：10.00 万元

主持人及职称：熊　琳　助理研究员

参　　加　　人：高雅琴　杜天庆　李维红　杨晓玲

执行情况：在国内首次制备出了阳离子净化剂（DVB‐NVP‐SO_3H），并优化得到了最佳的制备条件；按照设计的实验条件，摸索和优化 QuEChERS 法前处理牛羊肌肉和肝脏动物源性食品中 β‐激动剂残留的条件，建立 QuEChERS/液相色谱‐串联质谱法，得到评价该方法的技术指标：加标回收率（高中低三个水平）、相对标准偏差、最低检出限（以信噪比（S/N）≥3 计）和定量限（以信噪比（S/N）≥10 计）等，评价该方法在不同的基质影响下的有效性；初步研究了 QuEChERS 法测定牛羊肌肉和肝脏中苯并咪唑类兽药残留的条件。获得实用新型专利 8 项，发表文章 3 篇，其中 SCI 2 篇。

牧草航天诱变新种质创制研究

课题类别：中央级公益性科研院所基本科研业务费专项资金项目

项目编号：1610322014022　　　　　　　**起止年限**：2014.01—2014.12

资助经费：20.00 万元

主持人及职称：杨红善　助理研究员

参　加　人：常根柱　周学辉　路　远

执行情况：本年度完成了航苜 1 号紫花苜蓿新品种（*Medicago sativa* L. cv. Hangmu No. 1）的品种申报，该品种为利用航天诱变育种技术选育而成的牧草育成品种，2014 年 3 月通过甘肃省草品种审定委员会审定，登记为育成品种（登记号：GCS014），成为我国第一个航天诱变多叶型紫花苜蓿新品种。2014 年 4 月 25 日通过国家草品种审定委员会评审，批准参加国家草品种区域试验。该品种基本特性是优质、丰产，表现为多叶率高、产草量高和营养含量高。开展"航苜 2 号"新品系选育研究，在"航苜 1 号"基础上，通过单株选择、混合选择法，使复叶多叶率由 42.1% 提高到 50% 以上，多叶性状以掌状 5 叶提高为羽状 7 叶为主，进一步提高草产量和营养含量，目前已经建立原种扩繁田 0.3 亩。牧草航天育种资源圃标准化管理，种植搭载于"神舟 10 号"的 3 个搭载材料，使入圃种植搭载种类达 6 类牧草的 14 个搭载材料。发表论文 2 篇，其中 SCI论文 1 篇。

甘肃野生黄花矾松的驯化栽培

课题类别：中央级公益性科研院所基本科研业务费专项资金项目

项目编号：1610322014023　　　　　　　起止年限：2014.01—2014.12

资助经费：15.00 万元

主持人及职称：路　远　助理研究员

参　加　人：常根柱　周学辉　杨红善

执行情况：对已经驯化栽培成功的黄花矾松于 2011—2013 年在兰州、天水、甘谷等 3 个不同生态区进行区域试验，结果表明，只有黄花矾松在 3 个生态区的播种当年均能完成生育期，无病虫害发生，且能表现出良好的生态适应性，而对照品种播种当年只能进行营养生长，至第 2 年完成整个生育周期。耳叶补血草的抗旱、抗寒性较差，轻感蚜虫；3 品种的耐热性、抗病性均良好。区域试验结果表明，黄花矾松在黄土高原半干旱区、北方温带大陆性湿润半湿润区、陇中南半湿润半干旱区均具有良好的生态适应性，可在我国北方类似地区的园林绿化及生态建设中大力推广应用。已通过甘肃省草品种审定，登记为陇中黄花矾松野生栽培种。

奶牛疾病创新工程

课题类别：院科技创新工程

项目编号：CAAS - ASTIP - 2014 - LIHPS　　　起止年限：2014.01—2014.12

资助经费：163.00 万元

主持人及职称：杨志强　研究员

参　加　人：郑继方　刘永明　李建喜　严作廷

执行情况：开展了中国西部地区奶牛乳房炎主要病原菌区系分布及抗生素耐药情况调查，建立无乳链球菌生化鉴定和血清分型的分子鉴定方法；开展了奶牛乳房炎多联苗佐剂筛选，建立了小鼠的疫苗评价方法；建立中试发酵生产工艺，中试生产乳房炎灭活多联苗 15 000ml，完成临床扩大试验。开展了治疗奶牛乏情中药制剂藿芪灌注液的中试生产、加速稳定性和长期稳定性试验，并委托西北民族大学完成了治疗奶牛卵巢静止和持久黄体中兽药藿芪灌注液的临床试验，撰写了新兽药申报材料。对治疗奶牛子宫内膜炎的药物丹翘灌注液进行了加速稳定性试验、长期稳定性试验和抗炎、镇痛药理试验。制备丹翘灌注液225瓶，在甘肃荷斯坦奶牛繁育示范中心奶牛场、吴忠市小西牛养殖有限公司等奶牛场进行了临床试验。开展了治疗犊牛腹泻苍扑口服液的新药申报工作，已进入质量复核阶段；研究了犊牛营养舔砖对犊牛增重的影响；开展了奶牛子宫内膜炎的蛋白质组学研究，筛选出子宫内膜炎发病相关差异蛋白；开展了奶牛蹄叶炎不同发病阶段血液生理、生化指标和血液流变学的检测，为进一步研究蹄叶炎发病机制奠定了坚实基础。获得实用新型专利4项，发表论文14篇，其中SCI论文3篇。

牦牛资源与育种创新工程

课题类别：院科技创新工程

项目编号：CAAS - ASTIP - 2014 - LIHPS   **起止年限：**2014.01—2014.12

资助经费：150万元

主持人及职称：阎　萍　研究员

参　加　人：高雅琴　梁春年　郭　宪　朱新书

执行情况：以牦牛功能基因组及分子设计育种基础研究和无角牦牛新品种培育为主要科研选题，利用现代分子生物学技术，挖掘并鉴定牦牛生长发育、肉品质、繁殖性状相关功能基因，通过遗传学、比较基因组学等方法克隆控制重要性状形成的候选基因，克隆具有自主知识产权的功能基因5个，初步分析了基因功能。对不同海拔高度牦牛DNA样本进行建库测序，分析其代谢通路调控；对牦牛不同组织进行microRNA的表达研究，寻找高寒低氧胁迫下特异表达的microRNA及其间接调控靶基因；对牦牛低氧适应性的相关分子蛋白开展质谱鉴定并分析，从蛋白质组学的水平揭示牦牛适应高寒低氧环境的机制，为深入探讨高原动物低氧适应调控机制提供新的线索。开展重要品质性状分子靶点的确定与标记、品质性状遗传机理分析、多基因组装与分子设计育种等研究，建立牦牛分子育种理论体系。进行牦牛品种内或品种间个体遗传性状的选择，提高选种效率和加速遗传进展，从分子水平上进行品种改良和提高个体遗传评定的准确性，为牦牛育种规划的设计提供理论依据。对选育区的大通牛场牦牛群体进行普查，选择外貌基本一致，无角，性状相似母牛1 200多头，打号登记，逐步建立档案。目前已建立无角核心群种公牛档案25份，核心群母牛档案1 200份。出版著作2部，发表论文13篇，其中SCI论文6篇，一级学报1篇。获得实用新型专利15项，获甘肃省科技进步二等奖1项。

兽用化学药物创新工程

课题类别：院科技创新工程

项目编号：CAAS - ASTIP - 2014 - LIHPS   **起止年限：**2014.01—2014.12

资助经费：150.00万元

主持人及职称：李剑勇　研究员

参　加　人：张继瑜　周绪正　程富胜　杨亚军　李　冰

执行情况：兽用化学药物创新团队围绕针对畜禽各类疾病开展相关治疗预防药物的

研发，包括新化合物、新制剂以及相关的基础研究。开展了候选药物"阿司匹林丁香酚酯（AEE）"的实验室中试放大生产工艺研究及部分药学研究内容。开展了 AEE 体外代谢转化研究。开展了 AEE 的药代动力学研究及体内代谢研究。完成了饲料中二甲氧苄氨嘧啶、三甲氧苄氨嘧啶和二甲氧甲基苄氨嘧啶的液相色谱 – 串联质谱法测定农业部行业标准制定。完成了防治仔猪肺炎新制剂的制备工艺研究及药代动力学研究。完成了抗寄生虫新制剂"伊维菌素"纳米乳的制备工艺研究及药代动力学研究。开展了噻唑类化合物合成及抗菌活性研究。发表论文 17 篇，其中 SCI 论文 6 篇，获得发明专利 2 项，实用新型专利 1 项；获得甘肃省科技进步一等奖 1 项；出国交流 1 次，培养博士研究生 2 名、硕士研究生 6 名。

兽用天然药物创新工程

课题类别：院科技创新工程

项目编号：CAAS – ASTIP – 2014 – LIHPS　　　　**起止年限：**2014.01—2014.12

资助经费：150.00 万元

主持人及职称：梁剑平　研究员

参　加　人：尚若峰　王学红　郭志廷　郭文柱

执行情况：根据 azamulin 的分子结构，已完成 17 种新型衍生物的化学合成，并对化合物进行 IR、1H NMR、13C NMR 和 HRMS 结构鉴定。对合成的化合物进行生物活性研究，测定最小抑菌浓度（MIC）以及体外抗菌活性，并筛选出较延胡索酸泰妙菌素活性较好的化合物 2 个。完成这 2 个化合物小鼠的急性毒性实验和分子对接研究，并归纳出侧链中杂环上含有亲水基团的化合物生物活性较好。完成了"断奶安"安全性试验、耐受性试验及其对肠道微生物区系影响研究。已完成了解毒水剂、丸剂产品质量标准的拟定及起草。并拟定了营养舔砖产品标准。完成了解毒水剂、丸剂药物临床前相关实验，获得两种药物的临床批件。利用超声波技术对苦豆子总碱的提取进行试验研究；完成苦豆子总生物碱的抑菌活性研究；完成苦豆子总碱灌注液小鼠的急性毒性试验；完成苦豆子总碱灌注液刺激性实验；建立苦豆子灌注剂的质量标准。筛选出 2 个抑菌活性较强的妙林类化合物；获得专利 8 项，其中发明专利 4 项；发表论文 12 篇，其中 SCI4 篇；出版著作 3 部；培养博士研究生 4 名、硕士研究生 7 名。

三、结题科研项目情况

青藏高原牦牛 EPAS1 和 EGAS1 基因低氧适应遗传机制的研究

课题类别：国家自然科学基金

项目编号：31101702　　　　　　　　　　　**起止年限：**2012.01—2014.12

资助经费：23.00 万元

主持人及职称：丁学智　副研究员

参　加　人：阎　萍　梁春年　张　茜　褚　敏

摘要：高寒和缺氧是高原地区主要的生态限制因子，牦牛在长期的适应进化过程中形成了独特的高原低氧适应策略，EPAS1 和 EGLN1 基因可能起着关键性作用。本课题从牦牛血液生理指标及组织代谢特征等角度入手，以当地黄牛和低海拔地区黄牛为对照，采用生物信息学与分子生物学相结合的方法，辅以蛋白质分析技术（Western Blot），对不同海拔高度牦牛 EPAS1 和 EGLN1 基因进行克隆鉴定。对其多态位点进行检测和单倍型分析，对具有 SSCP 多态性的片段进行测序，找出突变位点，进而从功能因子在牦牛不同组织中的 mRNA 水平和蛋白表达水平进行系统深入地研究，探索牦牛通过提高血液中血红蛋白含量来适应低氧环境的独特机制。主要研究内容如下：①牦牛适应高原低氧环境的血液呼吸生理基础（对比黄牛）：通过监测牦牛红细胞数（RBC），血红蛋白（Hb）含量及其类型，红细胞压积（HCT），平均红细胞体积（MCV），血气（Blood gas）和一氧化氮合酶活力（NOS）等生理指标，探讨青藏高原牦牛对适应低氧环境相关血液呼吸及生理指标的季节性变化，为进一步研究青藏高原牦牛对缺氧环境适应的分子机制提供基础。②牦牛组织代谢生理指标：低氧环境中，组织水平的适应是机体对低氧适应的重要环节，机体能够最大限度地摄取和利用有限的氧，完成正常的生理功能，是低氧生理性的适应机制。对牦牛心肌和骨骼肌肌红蛋白（Mb）、红细胞 2，3－二磷酸甘油酸（2，3－DPG）含量、血清乳酸脱氢酶（LDH）活力及乳酸（LA）含量、组织乳酸脱氢酶（LDH）活力进行比较研究，进一步探讨牦牛对低氧环境的特殊适应机制；③牦牛 EPAS1 和 EGLN1 基因与低氧适应的遗传机制：利用人类基因组信息资源筛选出的同源基因 EPAS1 和 EGLN1 作为低氧适应的候选基因，以此为基础，研究牦牛生理性低氧适应功能蛋白分子遗传表达、多态性（血液及肺组织生理）及其功能基因组的调控。对牦牛 EPAS1 和 EGLN1 基因的全长 cDNA 进行分离、克隆、鉴定，并对其在染色体上的排列位置进行序列分析；④SNPs 突变位点检测：通过对不同海拔高度牦牛 EPAS1 和 EGLN1 基因遗传多态及突变位点进行检测，研究该基因多态与血红蛋白含量的关系，揭示牦牛具有高血红蛋白含量的遗传学机制；⑤牦牛不同组织 EPAS1 和 EGLN1 基因表达分析：对 EPAS1 和 EGLN1 基因的克隆、结构特征，以及在牦牛心、肝、肺、脑、肾和骨骼肌等组织的表达量进行研究，探讨牦牛适应高原低氧环境的分子生物学基础。发表 SCI 论文 5 篇。

福氏志贺氏菌非编码小 RNA 的筛选鉴定及功能研究

课题类别： 国家自然科学基金青年基金

项目编号： 31101836　　　　　　　　　　**起止年限：** 2012.01—2014.12

资助经费： 21.00 万元

主持人及职称： 魏小娟　助理研究员

参　加　人： 李剑勇　周绪正　李　冰　李金善　杨亚军　刘希望　王　玲

摘要： 志贺菌感染是一种经粪口途径传播的细菌性疾病，病原体经过胃，然后入侵肠道，在结肠黏膜中增殖。本项目以福氏志贺菌为研究对象，开展痢疾杆菌 sRNA 的研究，并选择性的研究若干重要 sRNA 基因的结构模式和功能，以此来分析痢疾杆菌致病性的表达调控模式。主要研究内容如下：①选取小白鼠为实验动物，以志贺菌为实验菌株侵袭小白鼠，建立疾病动物模型。研究病原体在机体中的动态分布以及机体在病原体入侵过程中的病理变化。利用侵袭性抗原基因 ipaH 来检测志贺菌，结果发现，小鼠感染 6 h 后，便可在心脏、脾脏和肺脏中检出病原菌。攻毒后 48 h 达到感染的最高峰，之后开始向健康转归。病原体在机体内的存在部位包括心脏、肝脏、脾脏、肾脏、肠道。

用 TUNEL 法进行的细胞凋亡检测结果显示，在十二指肠、肝脏、胃、心脏组织中均有大量的凋亡小体产生；②研究了细菌适应胃部的酸性环境的机制，在体外环境下，在不同的 pH 值条件下培养细菌，建立了模拟胃部环境的模型，进行了转录组学和蛋白质组学的研究。蛋白质组学研究研究显示，在不同的酸性条件下，出现差异蛋白 517 个，其中发生上调表达的蛋白共有 152 个，下调蛋白是少量为 365 个；③转录组学共鉴定到 957 个 SNP 位点，经过不同的温度处理后，在染色体中得到 370 个 sRNA，其中 343 个为新的 sRNA，27 个为已知的 sRNA。在毒性大质粒中预测到 16 个 sRNA，均为新的 sR-NA；④针对 sRNA，分析了与其相互作用的靶基因，共得到 240 个有显著性差异的 ncRNA 靶基因，参与的 pathway 通路共有 17 条，其中参与糖酵解/糖异生作用的 ncRNA 靶基因有 78 个，与核糖体有关的 ncRNA 靶基因有 28 个，参与碳代谢的 ncRNA 靶基因有 25 个，与 DNA 复制有关的 ncRNA 靶基因有 18 个，赖氨酸代谢的 ncRNA 靶基因有 10 个；⑤研究表明，差异表达的基因主要集中在代谢通路方面，此外也参与了人类疾病、环境信息处理和细胞过程等。在代谢通路研究中，主要代谢通路是核苷酸的代谢，其次为能量代谢以及其他氨基酸的代谢。发表文章 4 篇。

青藏高原牦牛藏羊生态高效草原牧养技术模式研究与示范

课题性质：公益性行业（农业）科研专项

项目编号：201003061　　　　　　　　　**起止年限**：2010.01—2014.12

资助经费：301.00 万元

主持人及职称：阎　萍　研究员

参　加　人：梁春年　郎　侠　郭　宪　丁学智　裴　杰　包鹏甲　王宏博　　　　　　朱新书

摘要：项目组人员多次在青海、甘肃示范区进行调研，对青海大通牛场的种牛供种与种牛质量、甘南州玛曲县、祁连县牦牛养殖情况、急需关键技术等进行了详细调研，对该项目在玛曲县、祁连县的实施提出了具体意见。完成了甘肃区、青海区实施方案制定工作，选择甘南州李恰如种畜场、玛曲县阿孜科技示范园区、祁连县藏羊良种繁育场为本项目的试验示范基地，开展了以提高牦牛藏羊良种化程度和产品质量为切入点，以建立牦牛藏羊良种繁育技术体系、品种改良技术及高效生产关键技术研究为重点，提高牦牛、藏羊生产性能；开展牧区草原环境容量评估与饲草料生产保障技术体系建设及青藏高原草地合理利用模式研究与示范，改革牧区草原利用制度，转变畜牧业生产方式和增长方式，促进传统畜牧业的改造提升，提高畜牧业综合生产能力。

项目执行期间，通过对玛曲县示范区不同退化程度草地的植被情况，近年来气候数据、示范地植被情况的调查，收集基础资料，为青藏高原草原环境容量评估技术体系和高寒牧区旱灾、雪灾及生物灾害预警与灾害评估技术体系建设提供基础资料。在玛曲阿孜畜牧科技示范园区组建甘南牦牛核心群 960 头，开展种牛选育和繁育，新购种牛 10 头投放核心群。通过选育，甘南牦牛核心群牛的体尺、活重等指标均高于非核心群同龄甘南牦牛的平均水平，四年共繁育优良种牛 1 710 余头。在李恰如种畜场现有牦牛数量的基础上引进甘南牦牛种公牛 10 头复壮甘南牦牛，四年累计向甘南州提供良种公牛 1 350 头。在青海祁连项目点组建牦牛选育核心群 10 群，适龄母牛 2 400 头，通过选育向青海省牧区推广祁连高原型牦牛种公牛 2 890 头。结合国家良种补贴资金，从青海大通牛场购置大通牦牛投放碌曲县李恰如种畜场、祁连县，改良当地牦牛 28 600 头。在玛曲县尼玛镇组建欧拉羊养殖合作社，开展欧拉羊联合育种及高效繁育。购置 20 头种公羊投放核心群，繁育优良种羊 2 320 余只，累计向周边提供种公羊 1 600 只。在祁连白藏繁育场建立了祁连白藏羊开放式核心群多点联合选育及供种体系，累计推广公母羊 7 520 只。研制了一种适合藏区牦牛专用并能有效提高其生产性能和抗雪灾能力的浓缩型复合营养舔砖，推广舔砖 22 吨。开展了草原生产力调查，经测定示范区内平均产草量由每公顷 3 830 千克提高到 5 940 千克。通过项目的实施，项目点的种牛繁育场、专业合作社、养殖大户模式已形成一定规模。越冬补饲技术、适时出栏技术、暖棚培育技术等高效牧养技术取得明显成效，建立了高原牧区牦牛藏羊生态高效草原牧养技术模式 1 套。

气候变化对西北春小麦单季玉米区粮食生产资源要素的影响机理研究

课题性质： 973 计划子课题

项目编号： 2010CB951505　　　　　　　　　**起止年限：** 2010.09—2014.12

资助经费： 50.00 万元

主持人及职称： 时永杰　研究员

参　加　人： 田福平　路　远　胡　宇　张小甫　宋　青　李润林

摘要： 通过对西北春小麦、单季玉米区（以甘肃张掖为例）过去 30 年来春小麦单产、总产资料及气候数据资料的研究，在大区域尺度上对西北春小麦产量变化特征进行分析，研究气候变化对西北春小麦单产、总产动态变化特征和西北春小麦单产、总产动态变化对气候变化的响应机理，重点研究了气候变化对西北春小麦粮食生产系统（单产、总产）的演变特征，明确了气候变化对西北春小麦和单季玉米生产能力的影响规律，为今后西北地区气候变化背景下生产资源要素变化对西北春小麦粮食生产系统的影响提供科学预测，为解决气候变化背景下西北春小麦单季玉米区粮食生产提供依据。

明确了西北春小麦、单季玉米区水分、热量和土壤肥力资源要素的时空变化规律；探明了气候变化对西北春小麦、单季玉米区水分、热量资源时空变化的影响途径、过程和程度，以及西北春小麦、单季玉米区粮食生产对气候变化导致的粮食主产区资源要素时空变化的适应途径、过程和能力；摸清了气候变化对西北春小麦、单季玉米区农田土壤肥力的影响途径、过程和程度；完成了气候变化对西北春小麦、单季玉米区土壤有机碳的影响机理研究；揭示西北春小麦、单季玉米区粮食生产对气候变化导致的农田土壤肥力变化的响应机制；构建了气候变化对作物生产系统的模拟预测模型预测气候变化背景下西北春小麦、单季玉米区作物生产时空变化趋势；提出西北春小麦、单季玉米粮食生产应对气候变化的可持续发展策略；建设了一支从事气候变化对我国西北春小麦、单季玉米区粮食生产影响机理及适应机制研究的研究团队。发表论文 22 篇，其中 SCI 2 篇，硕士研究生 1 名。

抗禽感染疾病中兽药复方新药"金石翁芍散"的推广应用

课题性质： 农业科技成果转化资金

项目编号： 2012GB23260560　　　　　　　　　**起止年限：** 2012.04—2014.04

资助经费：60.00 万元

主持人及职称：李锦宇　副研究员

参　加　人：周绪正　李剑勇　牛建荣　李　冰　魏小娟　杨亚军　刘希望

摘要：本课题自立项以来，根据计划任务书的要求，针对我国兽医临床实践中鸡白痢、鸡大肠杆菌病、传染性喉气管炎及肠炎等感染性疾病，进行了产品的集成示范工作。对该制剂中试生产工艺进行了进一步的研究和考察，并将产品进行了大规模的推广应用，取得了显著的经济和社会效益。经过 2 年的实施，已实现了该药的工业化生产。制定了该药的质量标准及生产技术规范，建立了有效质量检验控制标准；建立了中试生产车间 2 个、生产线 2 条（每条年生产能力 300 吨）；建立推广示范点 6 个，举办 4 期培训班，培训技术人员 485 人次；已生产推广 100.34 吨，新增产值 165.94 万元，实现税收 28.21 万元；推广销售涉及全国 23 个省，治疗以鸡大肠杆菌病和鸡白痢为主的传染病或感染性疾病的病禽 6 800 万羽（肉禽 5 670 万羽，蛋禽 1 130 万羽），由于减少发病或疾病康复增加而减少死亡、疾病增重减少或产蛋减少及饲料消耗等原因，每只鸡鸭平均减少损失 2.09 元，产生经济效益达 14 210.64 万元。

编写《鸡病防治指南》培训手册 1 部，给养鸡户免费发放 2 000 余册。发表论文 4 篇，出版著作 1 部，培养研究生 3 名，获得国家实用新型专利 4 项。

畜产品质量安全风险评估

课题性质：农产品质量安全监管（风险评估）项目

项目编号：GJFP2024007　　　　　　　　　起止年限：2014.01—2014.12

资助经费：55.00 万元

主持人及职称：高雅琴　研究员

参　加　人：李维红　熊　琳

摘要：本项目通过对近 30 家牛羊养殖场户的调研及 50 多个市场的牛羊产品取样验证分析，结果表明，牛羊养殖过程存在的主要安全风险是饲料及其添加剂、环境因素及兽药不规范使用。饲料主要是存在发霉变质情况，环境因素主要是饮水可能存在重金属摄取过量风险。疫苗的使用和方法比较规范，但对兽药的使用欠规范。对牛羊产品中的 β-兴奋剂、多氯联苯、雌激素残留验证结果均为阴性。部分样品检测出氟喹诺酮类药物、阿维菌素类药物残留，但均在标准限量值以下。调研和验证结果说明，牛羊肉市场产品的安全性在农业部加大监管力度的情况下有了很大提高，非法添加物在牛羊养殖场得到了有效扼制，β-兴奋剂类即俗称的"瘦肉精"的使用危害及后果得到了养殖人员的认知和高度重视。总体来说甘肃省牛羊市场产品质量是安全的，可以放心食用。制定了牛羊等家禽养殖环节风险隐患全程管控指南草案 2 个，完成了项目任务目标。

制定《奶牛乳房炎中金黄色葡萄球菌、凝固酶阴性葡萄球菌、无乳链球菌分离鉴定方法》标准

课题性质：农业行业标准

项目编号：2014 – 305　　　　　　　　　起止年限：2014.01—2014.12

资助经费：8.00 万元

主持人及职称：王旭荣　副研究员

参　加　人：李宏胜　王东升　杨　峰

摘要：通过实验条件的摸索和完善，确定了从奶牛乳房炎乳汁样品中分离鉴定金黄色葡萄球菌、凝固酶阴性葡萄球菌、无乳链球菌的方法。从乳房炎乳汁样品的采集与运输、平板划线接种、菌落形态学观察及筛选、革兰氏染色、镜检及形态观察、生化鉴定项目、特异性鉴定等多个方面进行规范，制定起草了《奶牛乳房炎乳汁中金黄色葡萄球菌、凝固酶阴性葡萄球菌、无乳链球菌分离鉴定方法》农业行业标准草案，经 3 个验证单位验证，上报全国动物卫生标准化技术委员会。

甘南牦牛品种标准研制验证

课题性质：农业行业标准

项目编号：2014－539　　　　　　　　　　　起止年限：2014.01—2014.12

资助经费：3.50 万元

主持人及职称：梁春年　副研究员

参　加　人：阎　萍　郎　侠　郭　宪　丁学智　裴　杰　包鹏甲

摘要：与全国畜牧总站签订《甘南牦牛》品种标准研制验证协议。成立了标准制定协调小组和专家小组。结合国家科技支撑计划项目"甘肃甘南草原牧区生产生态生活保障技术集成与示范"和甘肃省科技重大项目"甘南牦牛藏羊良种繁育基地建设及健康养殖技术集成示范"，先后在甘南牦牛的主产区开展了大量的普查、测试工作。标准制定专家小组在参阅其他地方牛品种标准，国家标准 GB/T1.1—2009《标准化工作导则，第一部分标准的结构和编写规则》的基础上，反复推敲，多次修改，形成《甘南牦牛》标准预审稿。11 月，组织召开了《甘南牦牛》标准初审会议，对标准进一步完善，形成标准送审稿，上报全国畜牧总站。

建立饲料中二甲氧苄氨嘧啶、三甲氧苄氨嘧啶和二甲氧甲基苄氨嘧啶的测定（液相色谱－串联质谱法）标准方法

课题性质：农业行业标准

项目编号：350　　　　　　　　　　　　　　起止年限：2013.01—2014.12

资助经费：12.00 万元

主持人及职称：李剑勇　研究员

参　加　人：杨亚军　刘希望

摘要：优化了饲料中二甲氧苄氨嘧啶、三甲氧苄氨嘧啶和二甲氧甲基苄胺嘧啶的测定（液相色谱－串联质谱法）的检测参数，并对三种化合物的提取方法进行了考察优化，建立了饲料中二甲氧苄氨嘧啶、三甲氧苄氨嘧啶和二甲氧甲基苄氨嘧啶的测定液相色谱－串联质谱法，对检测方法进行了复核。参加了 2014 年饲料工业标准编制培训班。起草了行业标准草案和起草说明，将《饲料中二甲氧苄氨嘧啶、三甲氧苄氨嘧啶和二甲氧甲基苄氨嘧啶的测定液相色谱－串联质谱法》征求意见稿、编制说明和征求意见表的反馈意见进行汇总整理，并修改，于 2014 年 11 月 12 日顺利通过行业标准预审会，并上报送审材料。

甘肃超细毛羊新品种培育及优质羊毛产业化研究与示范

课题性质：甘肃省科技重大专项

项目编号：1203NKDA023　　　　　　　　　　**起止年限**：2012. 01—2014. 12

资助经费：100. 00 万元

主持人及职称：郭　健　副研究员

参　加　人：刘建斌　郭婷婷

摘要：首次在高原生态条件下培育了甘肃超细毛羊新品种群，丰富了细毛羊遗传资源，完善了甘肃细毛羊品种结构。组建了 4143 只甘肃超细毛羊新品种核心群，核心群成年公羊羊毛长度平均 10. 15cm，体重平均 90. 00kg，毛纤维直径 17. 97 ± 3. 52μm，羊毛强度 7. 0CN，净毛量平均 5. 17kg；成年母羊羊毛长度 9. 35 ± 1. 04cm，体重平均 48. 85kg，剪毛量 4. 68 ± 0. 51kg，净毛率平均 55. 24%，净毛量 2. 58 ± 0. 36 kg，羊毛纤维直径 18. 2 ± 0. 51μm。建立"开放核心群育种体系"和"闭锁群体继代选育"相结合的甘肃超细毛羊新品种群培育体系。首次筛选出高寒生态条件下甘肃超细毛羊新品种群选种的动物模型，开发出一套简单、实用的 BLUP 简体中文操作系统，估计育种值。研究集成早期断奶技术、营养调控技术、分子标记辅助选择技术，并应用于甘肃超细毛羊新品种群培育。应用 MTDFREML（多性状非求导约束最大似然法）法估算了甘肃超细毛羊新品种群重要经济性状的遗传参数，明确了新品种生产性能和羊毛品质性状的遗传规律。围绕新品系的营养需要、日粮组分的适宜水平等进行的前期研究，为制定甘肃超细毛羊新品种群的饲养标准提供了理论参数。开展毛囊发育的分子生物学研究，研究表明甘肃超细毛羊新品种群在胎龄 84d 时初级毛囊开始发生，胎龄 87d 时次级毛囊开始发生，胎龄 102d 时在原始次级毛囊颈部隆突部开始再分化出再分化次级毛囊，胎龄 108d 时原始次级毛囊大量再分化，胎龄 138d 时大部分初级毛囊和部分次级毛囊发育成熟；次级毛囊再分化是影响毛囊密度的最主要因素，它能有效地增加毛囊密度，提高羊毛细度。发表论文 12 篇，其中 SCI 1 篇，授权实用新型专利 5 项；出版《优质羊毛生产技术》和《羊繁殖与双羔免疫技术》著作 2 部；制定"高山美利奴羊新品种"标准草案 1 部。

樗白皮活性成分水针防治仔猪腹泻研究与应用

课题性质：甘肃省科技支撑计划项目

项目编号：1204NKCA088　　　　　　　　　　**起止年限**：2012. 01—2014. 12

资助经费：7. 00 万元

主持人及职称：程富胜　副研究员

参　加　人：刘　宇　罗超应　罗永江

摘要：采用水蒸汽蒸馏的方法制备樗白皮提取物。对樗白皮提取物进行初步的成分鉴定分析，测定了小鼠血清中谷丙转氨酶和谷草转氨酶活性变化，完成了中药材樗白皮提取物的安全性和刺激性以及对肝脏的毒性试验。对樗白皮提取物对小鼠组织器官病理学影响进行了研究。利用番泻叶提取物为致泻剂复制了小鼠腹泻模型，探讨樗白皮提取物对小鼠腹泻模型的药理作用，在此基础上进行了樗白皮提取物防治腹泻穴位筛选及初步临床试验。完成樗白皮提取物对模型大鼠消化酶"二胺氧化酶、淀粉酶、碱性磷酸酶、二糖酶（麦芽糖酶、蔗糖酶、乳糖酶）、NO、NOS 分型酶、D－木糖酶"以及"5－羟色胺、肠三叶因子、表皮生长因子、转化生长因子"等消化道器质性生理功能指标的影响研究。进行椿白皮提取物对仔猪的初步治疗试验。通过薄层色谱法初步确定椿白皮的蒸馏提取液中含有 7 类有效成分。椿白皮提取物在毒理学上是安全的，毒性小，对肝脏组织器官无损害。椿白皮提取物可以修复胸腺、脾脏组织。对 NO、NOS、MDA、髓过氧化物酶（MPO）、前列腺素 E2（PGE2）、溶菌酶等生理指标有不同程度的调节作用。通过对中脘、增食穴、脾腧穴、交巢穴、后三里穴、耳尖、关元穴等多穴位的注射给药治疗腹泻，筛选较为理想的给药穴位。椿白皮提取物对模型大鼠消化酶及器质性生理指标具有影响，对仔猪腹泻尤其是非病菌性腹泻具有很好的防治作用，见效快，对非病菌性仔猪腹泻有效率达 98% 以上，治愈率达 90%。

牧草航天诱变品种（系）选育

课题性质：甘肃省科技支撑计划项目

项目编号：1204NKCA089　　　　　　　　**起止年限**：2012.01—2014.12

资助经费：7.00 万元

主持人及职称：常根柱　研究员

参　加　人：杨红善　周学辉　路　远

摘要：在兰州创建了"牧草航天育种资源圃"和"牧草航天育种试验区"，入圃种植了 4 次航天搭载的 6 类牧草（紫花苜蓿、红三叶、猫尾草、燕麦、黄花矶松和沙拐枣）的 14 个搭载材料。利用航天诱变育种技术，选育出我国第一个省级登记的多叶型紫花苜蓿新品种"航苜 1 号紫花苜蓿"，并经国家草品种审定委员会评审，批准参加国家草品种区域试验。其基本特性是优质、丰产、多叶率高。干草产量、粗蛋白质含量和 18 种氨基酸总量分别比对照组高 12.8%、5.79% 和 1.57%，多叶率达 41.5%。根据高产、优质目标进行诱变体单株选择，选育出"航苜 2 号新品系" 1 个（7 叶为主），岷山红三叶育种目标新材料 1 个，燕麦育种目标新材料 1 个。建立"航苜 1 号"原种田 7亩，生产示范田 10 亩。每亩年生产干草 1 035.3kg，产生直接经济效益 2 070.6 元/亩，比对照品种增加经济效益 265 元/亩。取得草品种证书 1 个，发表论文 3 篇。

奶牛子宫内膜炎病原检测及诊断一体化技术研究

课题性质：甘肃省国际科技合作计划

项目编号：1204WCGA019　　　　　　　　**起止年限**：2012.01—2014.12

资助经费：8.00 万元

主持人及职称：陈炅然　副研究员

参　加　人：王　玲　李宏胜　严作廷　杨　峰

摘要：对甘肃省荷斯坦奶牛繁育示范中心、甘肃省秦王川奶牛场等牛场进行了奶牛子宫内膜炎调查和分析，结果表明甘肃省部分奶牛场子宫内膜炎发病率平均达 32.5%，引起子宫内膜炎的最主要病因主要还是病原菌感染，其次是物理、化学和管理因素。从5 个奶牛场采集了 85 份奶牛子宫内膜炎病料，进行了细菌分离和鉴定，共分离出病原菌 6 类，主要为化脓隐秘杆菌（31.9%）、大肠杆菌（26.4%）、屎肠球菌（20.9%）、粪肠球菌（3.3%）、金黄色葡萄球菌（5.5%）和无乳链球菌（12.1%）。通过对化脓隐秘杆菌、大肠杆菌、屎肠球菌、金黄色葡萄球菌和无乳链球菌抗生素耐药性检测，结果表明，5 种病原菌对临床常用抗生素均产生了不同程度的耐药性，其耐药率在 10% ~ 100%，尤其是对青霉素耐药性最为严重，其耐药率达 80% ~ 100%；而 5 种病原菌对头孢他啶、先锋霉素 V 和氟苯尼考较为敏感，其敏感度达 90% ~ 100%；应用通用引物对化脓隐秘杆菌、大肠杆菌、屎肠球菌、金黄色葡萄球菌和无乳链球菌五种病原菌的 16SrDNA 扩增，并对其扩增产物测序、分析，结果表明，5 种病原菌的 16SrDNA 扩增序列与 GenBank 中已公布的化脓隐秘杆菌、大肠杆菌、屎肠球菌、金黄色葡萄球菌和无乳链球菌的 16SrDNA 序列同源性分别为 99%、99%、99%、100%、100%。选取 10 株化脓隐秘杆菌对小白鼠进行了人工感染试验，通过对小鼠死亡时间、死亡率、病理变化及组织切片观察，结果表明，10 株化脓隐秘杆菌对小白鼠均有致病性，尤其是对小白鼠的肝脏、脾脏、肾脏组织致病作用显著，但不同菌株之间其毒力存在一定差异，其中以化脓隐秘杆菌 LZ05 对小鼠致病性最强。设计了针对化脓隐秘杆菌和大肠杆菌的特异性引物，建立了快速诊断奶牛子宫内膜炎化脓隐秘杆菌和大肠杆菌的 PCR 方法，试验表明，该方法具有特异性强、敏感性高、方便快速的特点，适合用于奶牛场快速诊断子宫内膜炎主要病原菌。

干旱环境下沙拐枣功能基因的适应性进化

课题性质：甘肃省青年科技基金

项目编号：1208RJYA085　　　　　　　　**起止年限**：20112.01—2014.12

资助经费：2.00 万元

主持人及职称：张　茜　助理研究员

参　加　人：王春梅

摘要：在新疆、青海、甘肃、宁夏、内蒙古自治区等处采集野生沙拐枣个体的新鲜叶片材料及种子，不同种类达 30 个居群的 300 多个，根据文献资料并对照标本进行鉴定；采集提取材料 DNA，500 余份，从（Chs、Pgi、CC2241、HemA、Myb、LHCA4、Maldehy、CC1333 等）核基因组片段中广泛筛选、扩增纯化和序列测定，最终筛选出变异较多的具有抗逆功能的核基因片段—Myb、Pgi 和 HemA 三个基因片段作为群体研究的基因片段；对采集的 13 个居群的 133 个个体进行群体遗传学研究，以耐旱功能基因 Myb、Pgi 和 HemA 三个基因片段，进行其功能基因谱系之间的分化及表达式样比较，探讨其在 DNA 水平上的多样性和群体的动态历史，更加全面理解西北干旱荒漠地区物种形成的遗传机制。获得实用新型专利 10 项。

奶牛子宫内膜炎治疗药"宫康"的产业化及示范推广

课题性质：甘肃省农业科技创新项目

项目编号：GNCX - 2012 - 41　　　　　　　**起止年限**：2012.01—2014.12

资助经费：7.00 万元

主持人及职称：王　瑜　助理研究员

参　加　人：陈化琦

摘要：本项目按照农业部新兽药申报的要求，开展纯中药制剂"宫康"的 GMP 车间工艺改进，对奶牛子宫内膜炎常见病原菌进行体外抑菌试验、抗炎试验、对人工致兔子宫内膜炎的治疗试验、临床治疗验证试验、毒理学试验，研究和攻克产业化过程中的一些技术难点及衔接技术，开展"宫康"的产业化生产，完成申报农业部新兽药证书所需资料。在甘肃定西天辰牧业有限公司、甘肃白银三鼎乳业有限公司、甘肃凯越乳业有限公司、陕西西安草滩牛场、宁夏吴忠奶牛场分别建立"宫康"治疗奶牛子宫内膜炎示范基地，开展临床推广试验，3年内治疗奶牛头数达到30 000头。

新型高效抗温热病中药注射剂"银翘蓝芩"的研制

课题性质： 兰州市科技发展计划

项目编号： 2012 – 2 – 73　　　　　　　　　　　　**起止年限：** 2012.01—2014.12

资助经费： 10.00万元

主持人及职称： 李剑勇　研究员

参　加　人： 刘希望　杨亚军

摘要： 项目前期经过反复试验及探索，认为中药注射剂不符合当前药物研发实际状况，且难以保证注射剂不出现沉淀的质量要求，遂研发中药"银翘蓝芩"口服液。完成了中药口服液"银翘蓝芩"的处方研究、组方工艺及生产工艺研究，完成了该口服液的放大生产，并且产品质量符合国家兽药典要求，生产工艺简洁、易于工业化生产。完成了银翘蓝芩口服液的质量标准研究，包括薄层色谱鉴定、pH值检查、密度检查、性状检查、有效成分含量测定等质量研究工作。完成了银翘蓝芩口服液体外抑制鸡传染性支气管炎病毒的体外药效试验，研究结果显示，4倍稀释液可阻断60%的鸡胚被IBV感染。完成了该口服液的稳定性试验和急性毒性试验。

抗奶牛乳房炎耐药菌特异性复合IgY及其组合制剂的研制

课题性质： 兰州市科技发展计划

项目编号： 2012 – 2 – 81　　　　　　　　　　　　**起止年限：** 2012.01—2014.12

资助经费： 10.00万元

主持人及职称： 王　玲　助理研究员

参　加　人： 陈炅然　李宏胜　杨峰

摘要： 完成耐药菌菌体蛋白抗原制备工艺研究，分别制备了4种耐药致病菌（无乳、停乳、金葡、大肠）的单菌浓缩蛋白抗原及其混合菌复合浓缩蛋白抗原；制定免疫程序，测定卵黄抗体的蛋白质含量及进行抗体效价检测，证实复合菌体蛋白抗原产生的效价高于单一菌体蛋白的效价；提取分离IgY，优化工艺条件，得到纯度90%以上的IgY；完成特异性复合IgY体外抑菌、交叉抑菌生物活性研究，证实了抗单菌卵黄抗体的抑菌专一性，以及混合菌的卵黄抗体能够有效的抑制各单菌的生长的特异性；完成抗奶牛乳房炎耐药致病菌复合卵黄抗体的性质研究，采用ELISA法测定IgY的稳定性，结果表明IgY在中性、弱酸、弱碱环境中十分稳定，对胰蛋白酶十分敏感，且具有耐受反复冻融的特性。

奶牛及犊牛饲养中生态环保益生物质应用技术的集成与示范

课题性质： 横向合作

项目编号： 　　　　　　　　　　　　　　　　　　**起止年限：** 2012.4—2014.4

资助经费： 10.00万元

主持人及职称：潘　虎　副研究员

参　加　人：苗小楼　尚小飞

摘要：在奶牛场示范和推广应用奶牛营养舔砖，犊牛代乳粉。在甘肃天辰牧业有限公司、甘肃景泰恒丰牧业有限公司推广示范应用犊牛代乳粉 3 吨，供 70 头犊牛开展代乳粉替代鲜奶饲喂犊牛的试验，15～45 日龄犊牛代乳品饲喂组平均日增重均为 675g 左右，与以前的培育方法相比，节省鲜奶 360kg 以上，每头犊牛哺乳期可降低培育成本568 元，同时犊牛发病率明显降低，采用本项目技术，犊牛腹泻情况得以改善，哺乳期腹泻率降低约 24%～33%。在河北廊坊天利和奶牛养殖有限公司进行奶牛营养舔砖的示范推广，提供奶牛营养舔砖 5t（500 头），确定舔砖和缓释剂的配方、剂型，完善和优化其生产工艺，使产品的安全性、有效性和质量可控性得到保障。提高了奶牛的健康状况和生产性能。

抗霜霉病苜蓿品种的示范与推广

课题性质：横向合作

项目编号：　　　　　　　　　　　　　　起止年限：2013.01—2014.12

资助经费：20.00 万元

主持人及职称：杨　晓　助理研究员

参　加　人：李锦华　朱新强

摘要：首次在西藏地区引入推广抗霜霉病苜蓿"中兰 1 号"，并建立高产示范基地和种子繁育基地，研究出适合当地的生产管理技术，使抗病苜蓿的示范和推广技术达到国内领先水平。在山南草原站鲁琼草种基地开展"中兰 1 号"苜蓿抗病性示范，完成"中兰 1 号"和其他苜蓿品种的抗霜霉病抗性鉴定。"中兰 1 号"霜霉病发病率低于5%，低于其他品种。分别在山南地区草原站鲁琼草种基地和贡嘎县岗堆镇吉纳村建成苜蓿生产示范基地 2 个，总面积 500 亩且全部留床。完成"中兰 1 号"栽培管理技术示范。包括种植及后期管理技术，适宜播期和播种量，适宜的根瘤菌选择和应用，适宜的灌溉次数和灌溉量。实现每年刈割 3 次，鲜草产量达到 4 500kg/亩左右。"中兰 1 号"种子生产技术研究与示范，包括刈割调整生育期、昆虫辅助授粉技术、养分平衡施用及微量元素喷施技术，种子繁育田种子产量达到 20kg/亩。通过对 251 人次进行"中兰 1号"高产栽培和种子繁育技术培训，使当地技术人员和农牧民掌握上述技术。发表论文 3 篇。

牦牛高效育肥技术集成示范 "牦牛高效繁育与快速育肥出栏技术示范"

课题性质：横向合作

项目编号：　　　　　　　　　　　　　　起止年限：2013.01—2014.12

资助经费：20.00 万元

主持人及职称：梁春年　副研究员

参　加　人：郭　宪　丁学智　王宏博　裴　杰

摘要：与西藏农科院畜牧兽医研究所等项目合作单位在拉萨市当雄县龙仁乡建立牦牛高效育肥技术集成示范基地，成立牦牛育肥协会 1 个，建立 10 座牦牛高效育肥暖棚设施，建设年加工能力 1 500t 的饲草料加工车间 1 座。以"放牧 + 营养舔砖补饲模式"

进行夏季强度放牧育肥牦牛 6 000 头，每头牛日增重达到 520g 以上，6 000 头育肥牛增加活重 31.20 万 kg，按屠宰率 52% 计算，增加鲜肉 16.23 万 kg；完成冷季半舍饲育肥 1 500 头，每头牛日增重达到 480g 以上，1 500 头育肥牛增加活重 7.20 万 kg，按屠宰率 51% 计算，增加鲜肉 3.67 万 kg。夏季强度放牧育肥和冷季半舍饲育肥合计年产值 915.00 万元（皮张及内脏等产值不包括在内）。项目承担单位采集项目点 15 头牦牛肌肉组织样品，年龄均为 3 ~ 4 岁，且体态健康。屠宰后取第 12 ~ 13 胸椎背最长肌 500g 置于保鲜袋中密封冷冻保存备用。完成西藏育肥牦牛肉品质分析，制定相关标准。培训专业技术人员 12 人，开展农牧民培训 100 余人次。

青蒿甘草颗粒

课题性质：横向合作

项目编号： 起止年限：2014.01—2014.12

资助经费：6.00 万元

主持人及职称：严作廷　研究员

参　加　人：王东升　董书伟　张世栋

摘要：在兰州市河口镇猪场进行了青蒿甘草颗粒对靶动物猪的安全性试验，筛选出了 LPS 感染猪发热模型的最佳剂量，建立了 LPS 感染猪的发热模型进行实验性临床试验，在兰州等地猪场开展了临床扩大试验；在榆中县鸡场进行了青蒿甘草颗粒对靶动物鸡的安全性试验，筛选出了 LPS 感染鸡发热模型的最佳剂量，用 LPS 感染鸡建立了鸡的发热模型，进行实验性临床试验和临床扩大试验鸡的解热作用临床疗效试验。

替米考星肠溶颗粒委托试验

课题性质：横向合作

项目编号： 起止年限：2014.01—2014.12

资助经费：54.00 万元

主持人及职称：张继瑜　研究员

参　加　人：梁春年　郭宪　包鹏甲　褚敏

摘要：通过 20 头猪（2 头预试）双周期交叉给药进行替米考星微囊与原粉在猪体内生物等效性试验结果说明：给猪灌服替米考星微囊及其原粉后，其药动学配置均符合有吸收因素二室模型特征，替米考星微囊及其原粉在猪体内的药动学参数比较表明，替米考星微囊口服给药后在猪体内的吸收缓慢、完全，维持时间长，能长时间发挥药效。开发出了替米考星微囊粉剂，开展替米考星微囊制剂拌料给药对人工感染胸膜肺炎放线杆菌的治疗效果研究，结果表明替米考星微囊按 200 ~ 400mg/kg 拌料给药对猪胸膜肺炎具有治疗作用，临床推荐剂量为 200mg/kg，连续拌料给药 15d。

动物疯草中毒解毒新制剂中试生产研发

课题性质：横向合作

项目编号： 起止年限：2014.01—2014.12

资助经费：39.00 万元

主持人及职称：梁剑平　研究员

参　加　人：王学红　郭文柱

摘要：按照工作目标与任务要求，已完成了速康解毒口服液解毒水剂、当芪参胡锭质量标准的拟定及起草，提交省兽药监察所进行全面核检，并最终取得检验合格报告。拟定了营养舔砖产品标准，申报完成了西藏自治区营养舔砖地方标准。完成了速康解毒口服液解毒水剂药物过敏性和刺激性动物实验，确定了解毒水剂的使用安全性。完成了速康解毒口服液解毒水剂、当芪参胡锭产品两种药物的临床批件申报报告，提交省兽医局并最终获得两种药物的临床试验批件。获得实用新型专利4项，发表论文6篇。

新兽药"鹿蹄素"成果转让与服务

课题性质：横向合作

项目编号： **起止年限：**2014.01—2014.12

资助经费：10.00万元

主持人及职称：梁剑平 研究员

参 加 人：刘 宇 郝宝成

摘要：进一步完善优化鹿蹄素的提取工艺；利用药敏试验、体内抑菌试验测定鹿蹄草素对大肠杆菌、金黄色葡萄球菌等6种细菌的药效学研究，结果表明，鹿蹄草素体外对大肠杆菌、金黄色葡萄球菌等6种细菌均具有良好的抑菌效果，其抑菌效果优于青霉素、庆大霉素；鹿蹄草素体内对大肠杆菌、绿脓杆菌感染的动物模型的治疗效果显著，有效率均为100%，且优于环丙沙星对绿脓杆菌动物感染模型的疗效。毒理学试验表明，鹿蹄素对小白鼠的最小致死（MLD）剂量为400mg/kg，半数致死（LD50）剂量为513.25mg/kg。各组大白鼠的体重变化、脏器系数、血液生理生化指标均无明显异常变化。以上实验为鹿蹄素的临床应用奠定了基础。

牦牛微量元素添砖配方研制

课题性质：横向合作

项目编号： **起止年限：**2014.08—2015.02

资助经费：10.00万元

主持人及职称：梁春年 副研究员

参 加 人：郭 宪 丁学智 王宏博 裴 杰

摘要：与西藏农科院畜牧兽医研究所等项目合作单位在拉萨市当雄县龙仁乡建立牦牛高效育肥技术集成示范基地，成立牦牛育肥协会1个，建立10座牦牛高效育肥暖棚设施，建设年加工能力1 500t的饲草料加工车间1座。以"放牧+营养舔砖补饲模式"进行夏季强度放牧育肥牦牛6 000头，每头牛日增重达到520g以上，6 000头育肥牛增加活重31.20万kg，按屠宰率52%计算，增加鲜肉16.23万kg；完成冷季半舍饲育肥1 500头，每头牛日增重达到480g以上，1 500头育肥牛增加活重7.20万kg，按屠宰率51%计算，增加鲜肉3.67万kg。夏季强度放牧育肥和冷季半舍饲育肥合计年产值915.00万元（皮张及内脏等产值不包括在内）。项目承担单位采集项目点15头牦牛肌肉组织样品，完成西藏育肥牦牛肉品质分析。项目执行期间培训专业技术人员12人，开展农牧民科技培训100余人次。

奶牛子宫内膜炎相关差异蛋白的筛选研究

课题性质：中央级公益性科研院所基本科研业务费专项资金增量项目

项目编号：2014ZL012　　　　　　　　　　起止年限：2014.01—2014.12

资助经费：30.00万元

主持人及职称：张世栋　助理研究员

参　　加　　人：王东升　董书伟

摘要：本项目以iTRAQ技术筛选了子宫内膜炎患病牛与未患病牛的子宫组织与血浆中差异表达蛋白组，并对差异表达蛋白进行了生物信息学分析。结果显示，子宫组织中共有159个差异蛋白，其中表达上调的有109个，下调的有50个；血浆中差异表达蛋白共有137个，其中表达上调的有49个，下调的有88个。子宫组织和血浆中共有的差异表达蛋白有9个。分别对子宫组织和血浆中的差异蛋白进行了聚类分析、基因本体论（GO）和信号通路（Pathway）的注释与富集分析。结果显示：子宫组织中差异蛋白生物学过程主要涉及应急反应与应答、免疫应答和生物调控；细胞组分主要涉及胞外区域部分和质膜部位；分子功能主要涉及水解酶、钙离子结合和大量的肽酶活性。血浆中差异表达蛋白的生物学过程主要涉及应激、转运、催化和定位过程；细胞组分方面主要涉及非膜细胞器和细胞骨架；分子功能主要涉及酶调节活性和内源性肽酶的调节与抑制。KEGG通路分析表明，补体共调控、细胞吞噬、金葡菌感染是两种组织差异蛋白的共有通路。最后，在相应的子宫组织中，以qRT-PCR技术检测了10个基因，以Western blot检测了整联蛋白和角蛋白的表达变化，其结果验证了蛋白组学检测结果的准确性。获得实用新型专利4项。

抗球虫中兽药常山碱的研制

课题类别：中央级公益性科研院所基本科研业务费专项资金项目

项目编号：1610322011004　　　　　　　　起止年限：2011.01—2014.12

资助经费：42.00万元

主持人及职称：郭志廷　助理研究员

参　　加　　人：王学红　刘宇

摘要：本项目针对严重危害养禽业的鸡球虫病，开展中兽药常山碱的研制工作。参考《中国兽药典》，从药材性状、沉淀反应和TLC试验，完成常山药材的鉴定试验；通过比较浸泡、醇提和超声等多种提取方法，发现稀盐酸酸化、超生波提取的效果最好，目标产物得率达到7.8%～12.6%；完成常山碱提取工艺研究和工艺优化，使目标产物中常山碱的含量提高80倍以上，达到6.1%～12.5%（药材中常山碱含量极低，约为万分之二）；应用硅胶柱层析技术对常山碱进行了纯化，并进行工艺优化，使目标产物中常山碱含量提高500倍以上，达到12.12%～32.6%；建立常山碱含量测定的紫外分光光度法，并进行条件优化；毒理学试验表明，常山碱的$LD_{50}=18.16g/kg$体重，LD_{50}的95%可信限为15.35～21.49g/kg体重；亚急性毒性试验中常山碱低、中剂量组大鼠各试验指标与对照组比较均无显著性差异，高剂量组毒性较大；药理学试验表明，常山碱和地克珠利、鸡球虫散均有良好的抗球虫效果，常山碱用量很小时（50mg/kg饲料）即可显著减轻球虫病的危害，抗球虫指数ACI=169.01；研制出适合禽类临床应用的散剂，所有指标均符合《中国兽药典》散剂项规定；完成常山碱散剂质量标准的制定，包括液相条件摸索、标准曲线绘制、精密度试验、重复性试验、加样回收率试验和样品

中常山碱乙的测定 ⋯⋯⋯⋯⋯质量标准（草案）的制定工作；完成常山碱免疫活性的初步验证，⋯⋯⋯⋯⋯均可显著促进淋巴细胞和巨噬细胞的免疫活性；完成常山碱散剂的⋯⋯⋯⋯期试验、光加速试验和加速试验，结果表明常山碱在光照、高湿和长期⋯⋯含量没有明显变化；完成常山碱乙醇回流提取工艺的优化，浸膏得率和常山碱提⋯⋯很高，为企业大生产奠定了基础。初步完成常山碱口服液的研制工作，便于禽类临床应用；完成常山碱的临床疗效验证试验，包括柔嫩艾美耳球虫、巨型艾美艾球虫、毒害艾美尔球虫以及多种球虫混合感染；获得国家发明专利 1 项；发表论文 15 篇，其中一级学报 4 篇；参加国内学术交流 6 次，做大会学术报告 1 次。

转化黄芪多糖菌种基因组改组方法建立

课题类别：中央级公益性科研院所基本科研业务费专项资金项目

项目编号：1610322011007　　　　　　　　**起止年限**：2011.01—2014.12

资助经费：40.00 万元

主持人及职称：张景艳　助理研究员

参　加　人：王旭荣　王　磊

摘要：为获得转化黄芪多糖高产菌株，本研究利用物理和化学诱变的方法对从鸡肠道分离出的可用于发酵黄芪转化多糖非解乳糖链球菌 FGM 进行诱变，筛选出可稳定遗传的正突变菌株共 2 株，其中 UN10 – 1 发酵黄芪后产物中多糖含量提高了 94.99 %；发现了一株发酵黄芪多糖性能较好的屎肠链球菌 C8GF20；对 UN10 – 1、C8GF20 及 FGM9 菌株及其发酵物进行了安全性研究，结果表明各组小鼠均健康成活，未见不良反应及异常病变。为进一步阐明黄芪经菌株发酵后多糖得率升高的机理，采用同源克隆法首次克隆 α – 半乳糖苷酶（aga2）、UDP – 葡萄糖 4 – 差向异构酶（galE）和葡聚 – 1，6 – α – 葡萄糖苷酶（dexB）基因部分核苷酸序列，并运用 SYBR Green I 实时荧光定量 PCR 检测各个基因在黄芪发酵不同阶段的表达水平变化，试验结果表明，非解乳糖链球菌（Streptococcus alactolyticus FGM）所产生 α – 半乳糖苷酶（aga2）、UDP – 葡萄糖 4 – 差向异构酶（galE）和葡聚 – 1，6 – α – 葡萄糖苷酶（dexB）对黄芪发酵后的多糖得率有很大影响。建立了一套菌种基因组改组方法。获得高效发酵转化黄芪多糖菌种 2 株。培养硕士研究生 4 名。获得专利 4 项，其中发明专利 2 项。发表论文 7 篇，其中一级学报 2 篇。

苦马豆素抗牛腹泻病毒作用及饲料添加剂的研制

课题类别：中央级公益性科研院所基本科研业务费专项资金项目

项目编号：1610322012001　　　　　　　　**起止年限**：2012.01—2014.12

资助经费：35.00 万元

主持人及职称：郝宝成　助理研究员

参　加　人：刘　宇　王学红

摘要：完成茎直黄芪中苦马豆素提取分离的研究。试验确定的纤维素酶提取茎直黄芪中苦马豆素的最佳工艺参数为：酶解温度 50℃、pH 值 4.5、纤维素酶添加量 3.5%、酶解时间 3.0h、料液比 1：40。提取条件也温和，工业生产易于实现，为苦马豆素的提取提供了一种新方法。明确苦马豆素体外对牛腹泻性病毒的作用机制。利用细胞培养技术，采用 CPE 观察法和 MTT 比色法相结合的方法测定不同浓度 SW 对牛肾原代细胞（Madin-Darby Bovine Kidney Cells，MDBK）的毒性作用，确定药物的安全浓度和 TD50，并分别采用先加药后感染病毒、先感染病毒后加药、药毒作用 2 h 后加入、感染病毒同时给药后再加药四种作用方式，检测不同浓度 SW 对 BVDV 入侵的阻断作用、复制的抑制作用、直接杀伤作用和综合作用。完成苦马豆素对牛腹泻性病毒的作用机制抗病毒活性研究。利用牛肾原代细胞培养增殖 BVDV，通过病毒含量的测量，成功建立了小鼠消化道 BVDV 黏膜感染模型，初步研究了苦马豆素对牛病毒性腹泻病毒的作用。参编著作 1 部。获得发明专利 1 项，发表论文 8 篇，其中 SCI 2 篇。

牦牛 LF 蛋白、Lfcin 多肽的分子结构与抗菌谱研究

课题类别：中央级公益性科研院所基本科研业务费专项资金项目

项目编号：1610322012003　　　　　　　　**起止年限**：2012.01—2014.12

资助经费：32.00 万元

主持人及职称：裴　杰　助理研究员

参　加　人：丁学智　包鹏甲　褚　敏

摘要：研究拟纯化奶牛和牦牛乳中天然状态下的乳铁蛋白（LF 蛋白）；分别在原核生物和真核生物中表达这两种蛋白；电镜下观察不同来源 LF 蛋白的结构；测定其各自的抗菌谱。同时，人工合成奶牛和牦牛的乳铁蛋白素（Lfcin）多肽；采用核磁共振技术测定两种 Lfcin 多肽的结构；测定其各自的抗菌谱。本项目分别基因水平和蛋白质水平检测了牦牛 LF 在不同组织中的表达量情况。将确定牦牛 LF 蛋白和 Lfcin 多肽与奶牛相比是否具有不同的抗菌谱，解析出 LF 蛋白和 Lfcin 多肽产生功能变化的分子结构基础，为我国创制具有自有知识产权的抗菌新药提供理论依据和前期工作。获得专利 5 项，发表 SCI 论文 2 篇。

防治犊牛肺炎药物新制剂的研制

课题类别：中央级公益性科研院所基本科研业务费专项资金项目

项目编号：1610322012005　　　　　　　　**起止年限**：2012.01—2014.12

资助经费：37.00 万元

主持人及职称：杨亚军　助理研究员

参　加　人：刘希望

摘要：本项目以复合溶媒为溶剂，制备了性状稳定、工艺简单的复方氟苯尼考注射液，其为淡黄色的均一澄明液体，相对比重为 1.223，氟苯尼考的含量为 300mg/ml。复方注射液对小鼠注射给药途径的 LD_{50} 为 1 888.73 mg·kg^{-1}，为低毒；无皮肤刺激性，有轻微的肌肉刺激反应；无热原反应。制定了制剂的质量标准（草案）。完成了复方注射液的中试生产（5 批，200L/批），优化了生产工艺。复方氟苯尼考注射液对强光照射、高温和高湿度等影响因素稳定；加速试验条件下，性状和质量稳定。氟苯尼考对猪、牛肺炎常见病原菌的抑菌活性良好，氟尼辛葡甲胺对其体外活性没有影响。开展了复方氟苯尼考注射液在犊牛、仔猪体内的药代动力学研究，结果表明氟苯尼考在猪体内药代动力学模型符合一级吸收一室开放模型，吸收缓慢、消除缓慢、达峰时间较长，维

持有效血药浓度时间长；氟尼辛葡甲胺吸收速度快、达峰时间短、半衰期较长、消除较慢。取得了开展临床实验的批复件。开展了靶动物安全性实验、人工感染治疗试验，以及临床收集病例的治疗实验；实验结果显示，中高剂量的新型复方制剂，对人工感染病理有很好的治疗效果，优于对照的单方制剂。培养硕士研究生 2 名，发表论文 3 篇，申请国家发明专利 1 项。

利用 mtDNA D-环序列分析藏羊遗传多样性和系统进化

课题类别： 中央级公益性科研院所基本科研业务费专项资金项目

项目编号： 1610322012006　　　　　　　**起止年限：** 2012.01—2014.12

资助经费： 55.00 万元

主持人及职称： 刘建斌　副研究员

参　　加　　人： 岳耀敬　郭婷婷

摘要： 在青海省、甘肃省甘南藏族自治州、西藏自治区等青藏高原地区分别采集贵德黑裘皮羊、祁连白藏羊、青海欧拉羊、岷县黑裘皮羊、甘加羊、乔科羊、甘南欧拉羊、浪卡子绵羊、江孜绵羊、岗巴绵羊、霍巴绵羊、多玛绵羊和阿旺绵羊的血样 892份，对高原型、山谷型和草原型藏羊进行基因组 DNA 的提取、遗传多样性分析、单倍型多样性分析、系统发育树构建和网络亲缘关系分析。青藏高原 15 个地方绵羊品种 636 个个体 mtDNA D-loop 区全序列长度为 1 031 ~ 1 259bp，A、T、G、C 含量分别为 32.9569%、29.7677%、14.3817%、22.8937%，A+T 含量为 62.72%，G+C 含量为 37.28%。636 个个体共发现 196 个变异位点，这些变异位点确定了 350 种单倍型，其中 100 种共享单倍型和 250 种独享单倍型。15 个绵羊群体的核苷酸多样度为：0.018 74 ± 0.001 26；单倍型多样度为：0.992 13 ± 0.009 56；平均核苷酸差异数为 19.098 22。结果表明青藏高原家养地方绵羊品种 mtDNA 遗传多样性丰富。西藏阿旺绵羊的遗传多样性较为贫乏，西藏林周绵羊和浪卡子绵羊遗传多样性极为丰富，其他青藏高原地方绵羊品种遗传多样性较为丰富。从构建的 ME、UPGMA 和 NJ 法系统发育树可以看出，青藏高原家养绵羊分为四大支系，亚洲型 A 型和支系 A 聚为一类，摩费伦羊、欧洲 B 型及墨西哥绵羊与 B 支系聚为一类，支系 C 单独聚为一类，西藏林周绵羊的部分个体聚为 D 支系，盘羊和源羊单独聚为一类。利用 350 种单倍型构建的中介网络图也清晰地表现出四大发育集团。因此，青藏高原家养绵羊品种至少存在 4 个独立的母系起源。出版专著 1 部，发表 SCI 论文 4 篇，申报国家专利 6 项。

截短侧耳素衍生物抑菌活性及药动学研究

课题类别： 中央级公益性科研院所基本科研业务费专项资金项目

项目编号： 1610322013004　　　　　　　**起止年限：** 2013.01—2014.12

资助经费： 80.00 万元

主持人及职称： 郭文柱　助理研究员

参　　加　　人： 王学红　郝宝成

摘要： 本项目合成出 34 个全新结构的截短侧耳素类新型衍生物。进行了兽医临床中常见四个致病菌的抑菌活性研究。结果表明，34 个合成的截短侧耳素衍生物对这 4 种菌的最小抑菌浓度分别为 8 ~ 0.25 μg/ml、32 ~ 0.5 μg/ml、64 ~ 1 μg/ml、32 ~ 0.5

μg/ml。采用牛津杯法研究了上述化合物浓度为 320 和 160μg/ml 时对这 4 种菌的抑制作用，其结果与最小抑菌浓度的结果相一致。通过上述试验表明，化合物 5a、5c、ATTM、11b 和 13c 表现出较好的抑菌活性，尤其对 MRSA、MRSE 和无乳链球菌，具有较强的抑菌活性。对合成的部分截短侧耳素类化合物进行了单晶培养和晶体结构研究。选定化合物 ATTM，对其进行人工合成。体内抗菌试验研究表明 ATTM 对全身感染 MRSA 的小鼠模型具有治疗作用，且效果优于延胡索酸泰妙菌素；急性毒性研究结果显示 ATTM 为低毒化合物；亚慢性毒性研究结果推断 ATTM 对大鼠的毒性靶器官可能是肝脏、肾脏和脾脏；药动学研究显示 ATTM 在肉鸡体内的表现良好的药动学特性，比如分布广泛、吸收快、消除速度适中等。发表 SCI 论文 3 篇，获得发明专利 1 项。

牦牛瘤胃微生物纤维素酶基因的克隆、鉴别及表达

课题类别：中央级公益性科研院所基本科研业务费专项资金项目

项目编号：1610322013007　　　　　　　　　　**起止年限**：2013.01—2014.12

资助经费：20.00 万元

主持人及职称：王宏博　助理研究员

参　加　人：阎　萍　梁春年　丁学智　郭　宪　裴　杰

摘要：本研究采用改进后的反复冻融 DNA 提取法，大大缩短了操作时间，比文献资料报道方法节约 4~5h，同时也减少了污染的机会。结果表明，甘南牦牛瘤胃细菌扩增 Ct 平均值为 13.8，瘤胃内细菌质量数为 7.24±0.35ng；瘤胃真菌扩增 Ct 平均值为 27.60，经相对定量计算，真菌在瘤胃内约为细菌总数的 0.11%；瘤胃琥珀酸丝状杆菌扩增 Ct 平均值为 27.15，从绝对定量来看，胃琥珀酸丝状杆菌为 0.143。开展牦牛不同季节瘤胃微生物的多样性研究，结果表明，秋季牦牛瘤胃微生物中检测到了门类菌；在微生物属类，检测到了 *Alysiella*、*Bordetella*、*Brevibacillus*、*Caryophanon*、*Fusobacterium*，而春节牦牛瘤胃中却未检测到。且秋季厌氧弧菌属（*Anaerovibrio*）显著高于春节（P < 0.05），鲍特杆菌属（*Bordetella*）、杆菌属（*Brevibacillus*）、显核菌属（*Caryophanon*）、梭菌属（*Fusobacterium*）和月形单胞菌属（*Selenomonas*）均极显著地高于春节（P < 0.01），而小链菌属（*Alysiella*）、厌氧弧菌属（*Anaerovibrio*）、琥珀酸弧菌属（*Succinivibrio*）显著高于春节（P < 0.05）。申报国家发明专利 2 项。

CO₂升高对一年生黑麦草光合作用的影响及氮素调控

课题类别：中央级公益性科研院所基本科研业务费专项资金项目

项目编号：1610322013010　　　　　　　　　　**起止年限**：2013.01—2014.12

资助经费：20.00 万元

主持人及职称：胡　宇　助理研究员

参　加　人：田福平　路　远

摘要：测定一年生黑麦草苗期的光合速率，试验中，富加 CO_2 处理和正常 CO_2 处理的小麦叶片 Pn 均随施 N 量的升高而升高，富加 CO_2 处理的小麦叶片 Pn 在低中氮水平出现光合作用的适应性下调，而在高氮水平下不明显，说明 N 素缺乏可能是造成光合下调的原因之一。正常 CO_2 处理的一年生黑麦草叶片 Gs 和 Tr 均高于 ET 处理，说明高 CO_2 浓度可以降低叶片的气孔导度，减弱蒸腾作用，从而提高一年生黑麦草的水分利用

效率，而气孔导度的降低也可能是引起光合下调的原因之一。测定光合作用的同时采用冰盒采集一年生黑麦草植物叶片鲜样，测定叶片中叶绿素 a、b 的含量。本研究中，CO_2 浓度升高后叶绿素 a/b 比值下降，叶片捕捉光能的能力降低，这可能是导致光合作用下降的一个诱因，而增施氮素后叶绿素 a/b 比值无明显变化，说明施氮不仅能够提高叶片叶绿素含量，而且可改善叶绿体叶绿素 a 和叶绿体 b 的比例关系，增强叶绿体对光能的利用效率。获得专利 1 项，发表论文 1 篇。

耐盐牧草野大麦拒 Na^+ 机制研究

课题类别：中央级公益性科研院所基本科研业务费专项资金项目

项目编号：1610322013011　　　　　　**起止年限**：2013.01—2014.12

资助经费：19.00 万元

主持人及职称：王春梅　助理研究员

参　加　人：张　茜　田福平　路　远

摘要：本项目以 NaCl 为盐胁迫，精确测定盐胁迫下 Na^+ 进入野大麦根系后在植株内的流动大小、方向和分布，探讨整株水平野大麦 Na^+ 净积累的模式；同时分析不同 NaCl 浓度下 K^+ 与 Na^+ 在吸收、积累上的相互作用，明确野大麦整株水平 K^+ 对 Na^+ 净积累的影响，揭示禾谷类作物耐盐野生近缘种适应盐渍环境的生理机制。盐胁迫下，野大麦通过地上部快速积累 Na^+ 而非 K^+，来进行快速的盐胁迫适应，推测叶片 Na^+ 液泡区域化、叶表盐腺或气孔排盐为野大麦响应盐胁迫的可能机制；介质中 K^+ 浓度充足饱和也不会引起 Na^+ 浓度的显著下降，野大麦并不能通过大量积累 K^+ 来降低 Na^+ 的积累，而只能通过减少 K^+ 外排来保持相对稳定的 K^+/Na^+ 比。研究结果将为野大麦耐盐分子机理研究和耐盐基因的挖掘提供理论依据，对小麦等农作物耐盐性的遗传改良、盐碱地的有效利用和粮食增产具有重要意义。获得实用新型专利 7 项，申请发明专利 1 项；发表论文 6 篇，其中 SCI 论文 1 篇。

防治猪气喘病紫菀百部颗粒的研制

课题类别：中央级公益性科研院所基本科研业务费专项资金项目

项目编号：1610322014005　　　　　　**起止年限**：2014.01—2014.12

资助经费：10.00 万元

主持人及职称：辛蕊华　助理研究员

参　加　人：罗永江　王贵波　谢家声　李锦宇

摘要：在项目执行年度中，将紫菀、百部等 6 味药材组合成多个不同的中药组方，通过猪气喘病的临床病例比较各个组方的治疗效果，筛选出疗效最佳的药物组合；根据小鼠的急性毒性试验结果，通过 Bliss 方法计算出本组方对小鼠的 LD_{50} 为 319.16g/（kg·bw），95% 的可信限为 270.31～363.68g/（kg·bw）；Wistar 大鼠的亚慢性毒性试验结果表明，本组方在实验动物进食量、饮水量、精神状态、呼吸情况、被毛光泽度以及体温等方面均无异常变化，各脏器指数与对照组相比均无显著性差异（$P > 0.05$），实验动物的血液生理指标、生化指标及病理组织方面与对照组相比无显著性差异（$P > 0.05$）；采用正交试验筛选出本组方提取方法的优化条件为 $A_3B_3C_1$；建立该组方中紫菀酮的 HPLC 含量测定方法：采用 C_{18} 反相柱，以乙腈－水为流动相，检测波长为 200nm，回归方程为 A = 11 481C + 36 617（$R^2 = 1$，n = 6），其线性范围为 10.2 ~ 510.0μg/ml；考察该制剂的稳定性。建立对组方中紫菀、百部等药味的薄层鉴别方法，供试品色谱中，在与对照品色谱相应的位置上显示相同颜色的斑点，阴性对照液无相应斑点，本试验所建立的方法简便、准确、专属性强、重复性好，可有效地控制颗粒的质量。大鼠祛痰试验、小鼠镇咳试验及豚鼠平喘试验结果表明，中、高剂量的紫菀百部颗粒具有明显的祛痰、镇咳及平喘的效果。通过稳定性试验，结果表明在加速试验条件下紫菀百部颗粒稳定性良好。培养硕士研究生 1 名，发表论文 3 篇，获得发明专利 1 项、实用新型专利 1 项。

利用 LCM 技术研究特异性调控绵羊次级毛囊形态发生的分子机制

课题类别：中央级公益性科研院所基本科研业务费专项资金项目

项目编号：1610322014006　　　　　　　　　　**起止年限**：2014.01—2014.12

资助经费：38.00 万元

主持人及职称：岳耀敬　助理研究员

参　　加　　人：杨博辉　刘建斌　郭婷婷　冯瑞林

摘要：构建的甘肃高山细毛羊（超细品系）皮肤进行 RNA-Seq 测序、denovo 组装获得 26 266 670 条 reads，93 882 条 Unigene，碱基总数为 35 447 962nt，平均序列长度为 445bp。通过与 Uniprot，NCBI 的 NR，COG 数据库、Pfam，InterPro 及 KEGG 6 个数据库进行序列比对，22 164 条绵羊皮肤的 Unigene 被注释，分别属于 218 个信号通路来参与细胞组成、生物过程和分子功能，其中与毛囊发育相关的信号通路为 17 个。对不同羊毛纤维直径（16.1 ~ 19.0μm、21.6 ~ 25.0μm）的皮肤组织进行 DGE 分析，获得差异基因40 条基因，上调基因 9 条，下调基因 31 条。差异表达天然反义转录本为 7 条，且全部下调。建立了毛囊单细胞提取超微量 RNA 技术，首次开展绵羊 lncRNA 研究，筛选到 635 个 lncRNA；初步研究表明 lncRNA 参与毛囊形态发生过程，由基板前期到基板期共获得了 204 个差异转录本，其中差异 mRNA194 个，lncRNA10 个。其中上调 mRNA67 个、lncRNA4 个，下调 mRNA127 个、lncRNA6 个。以本研究为研究基础成功申报国家青年自然基金项目 1 项，发表论文 3 篇，其中 SCI 2 篇。

干旱环境下沙拐枣功能基因的适应性进化

课题类别：中央级公益性科研院所基本科研业务费专项资金项目

项目编号：1610322014007　　　　　　　　　　**起止年限**：2014.01—2014.12

资助经费：10.00 万元

主持人及职称：张　茜　助理研究员

参　　加　　人：王春梅　田福平　路　远

摘要：本课题组人员跟踪旱生灌草相关的国内外最新研究进展，收集多篇相关资料；详细查阅并记录了沙拐枣不同品种的生长地，共采集野生沙拐枣不同种类的 15 个居群近 300 个个体的新鲜叶片材料及种子；提取材料 DNA，从（Chs、Pgi、CC2241、HemA、Myb、LHCA4、Maldehy、CC1333 等）核基因组片段中广泛筛选，进行扩增纯化、序列测定，找出遗传变异位点和特征性片段，进行了初步的数据分析处理，筛选出变异较多的具有抗逆功能的核基因片段—Myb、Pgi 和 HemA，并进行了初步的该三个基因片段的群体功能研究。获得实用新型专利 10 项。

牦牛高原低氧适应及群体进化选择

课题类别：中央级公益性科研院所基本科研业务费专项资金项目

项目编号：1610322014013　　　　　　　**起止年限**：2014.01—2014.12

资助经费：10.00 万元

主持人及职称：丁学智　副研究员

参　加　人：阎　萍　梁春年　郭　宪　王宏博　裴　杰

摘要：本研究以高海拔牦牛和低海拔黄牛为实验对象，采用 SNP - MaP 策略比较了牦牛和黄牛全基因组水平上近一百万个 SNPs 位点的等位基因频率，并结合前期藏区样本数据，对牦牛特异性的遗传位点进行筛查，深入探讨了牦牛高原低氧适应的遗传学机制，得到以下结论：牦牛和黄牛 EPAS1 区域的 SNPs 等位基因频率差异明显高于其他区域，提示 EPAS1 可能是低氧适应的一个主要基因。EGLN1 在前期多项研究中均显示与高原适应相关，且在本研究中也具有显著性差异，提示 EGLN1 在低氧适应中起重要作用。低氧反应基因 IL10、SLC8A1 和 PIK3R1 在本研究样本中具有显著性差异，提示这三个基因可能是新的高原低氧适应候选基因。HIF 信号通路是牦牛高原低氧适应的主要信号通路，其在红细胞生成、血管生成及舒缩、能量代谢、细胞生长及凋亡等多方面起重要作用，提示 HIF 信号通路可能是牦牛高原适应的基础。发表 SCI 文章 1 篇。

基于第三代测序与第二代测序技术平台的盘羊参考基因组 de novo 组装

课题类别：中央级公益性科研院所基本科研业务费专项资金项目

项目编号：1610322014018　　　　　　　**起止年限**：2014.01—2014.12

资助经费：29.00 万元

主持人及职称：郭婷婷　助理研究员

参　加　人：杨博辉　刘建斌　岳耀敬　冯瑞林

摘要：开展了不同海拔梯度绵羊遗传多样性和 SNP 关联分析研究，通过对基因芯片数据质控后 47 816 SNP 位点可用于 SNP 分析，进行群体分析表明根据海拔梯度的不同，我国主要绵羊品种可分为 3 个亚群，藏羊群体、地方羊群和细毛羊群体。应用 fisher 精确检验发现 11 个与高原适应性相关的 SNP 位点。对不同海拔梯度绵羊心脏和肺组织甲基化研究发现，不同海拔梯度绵羊中主要以 mCG 甲基化为主，对不同海拔的藏羊和小尾寒羊的心脏和肺脏的 DMR 进行统计，在心脏、肺脏组织中分别发现 6 905 个和 12 258 个 DMR，其中高甲基化区域分别为 2 723 个、2 526 个，低甲基化区域 4 182 个、9 742 个。主要参与如脂肪酸的延伸、核苷酸的结合、ATP 的结合以及蛋白激酶的活性等、连接酶活性、离子结合及有机酸的生物学合成过程等。不同海拔梯度绵羊心脏和肺组织转录组研究发现在藏羊和小尾寒羊的心脏转录组中共获得 197 个差异基因，其中上调基因 100 个，下调基因 97 个。MeDIP - Seq 中不同组间比较得到的差异甲基化基因（DMGs）和 RNA - Seq 中相应的组间比较得到的差异表达基因（DEGs）进行联合分析，最终选取 5 个既差异甲基化又差异表达的可能与低氧适应性相关的基因，它们分别是 BCKDHB，EPHX2，GOT2，RXRG 和 UBD。

发酵黄芪多糖对病原侵袭树突状细胞的作用机制研究

课题类别：中央级公益性科研院所基本科研业务费专项资金项目

项目编号：1610322014019　　　　　　　　　　起止年限：2014.01—2014.12

资助经费：16.30 万元

主持人及职称：秦　哲　助理研究员

参　加　人：李建喜　王旭荣　张景艳　王　磊　孔晓军

摘要：本研究利用两步柱层析法分离纯化后的发酵黄芪多糖（FAPS）和生药黄芪多糖（APS）的中性多糖组分分子量分别为 1.836×10^5 Dal 和 $6.386 \times 10^4 \sim 1.008 \times 10^5$ Dal。进一步优化了小鼠骨髓源树突状细胞体外培养条件，对小鼠进行腹腔注射 OVA，收获致敏脾细胞，分别通过 MTS 法检测骨髓源树突状细胞的抗原递呈能力，并采用 ELISA 法检测 IL-2 和 IFN-γ 的浓度，试验结果表明，经发酵黄芪多糖药物刺激后，DCs 进一步活化其抗原提成能力明显升高。小鼠心脏采血分离外周血单核细胞，培养 5 天后利用流式细胞术分析单核细胞和 DCs 表面分子的表达、显微镜和扫描电镜法观察 DCs 形态，建立由单核细胞分化树突状细胞的试验技术体系。研究结果表明，LPS 能够刺激外周血树突状细胞的成熟和吞噬能力的增强，但是经诱导后的 DCs 的表面分子标志可能发生了变化。获得实用新型专利 2 项，发表论文 1 篇。

益生菌发酵对黄芪有效成分变化的影响研究

课题类别：中央级公益性科研院所基本科研业务费专项资金项目

项目编号：1610322014020　　　　　　　　　　起止年限：2014.01—2014.12

资助经费：17.00 万元

主持人及职称：孔晓军　研究员

参　加　人：李建喜　王旭荣　秦　哲　张景艳　王　磊

摘要：采取综合提取黄芪皂苷和多糖的提取方法，即先醇提皂苷部位再水提多糖。对于黄芪皂苷的提取分离研究，通过不同化学物质定性显色反应预测醇提部位中的物质种类。采用柱层析法比较两种大孔吸附树脂对皂苷的富集作用，考察不同浓度乙醇的洗脱能力，并计算了黄芪皂苷粗品得率和皂苷含量。对于多糖的提取工艺研究，通过对传统水煎法、纤维素酶辅助提取法、生石灰水提取法、温浸法的比较优选出最佳提取方法，用苯酚-硫酸法测定多糖含量。用 DEAE-52 和 Sephadex G100 对粗多糖进行进一步纯化分离，再采用高效凝胶渗透色谱-蒸发光散射检测法（HPGPC-ELSD）测定纯化多糖的分子量。采用高效液相色谱-蒸发光散射检测器法（HPLC-ELSD）及高效液相色谱法-紫外检测器法（HPLC-UV）分别对黄芪生药及黄芪发酵粉中的黄芪甲苷和毛蕊异黄酮葡萄糖苷进行含量测定，旨在通过对比发酵前后黄芪有效成分的变化并为发酵黄芪产品的质量评价提供依据。获实用新型专利 1 项。

电针对犬痛阈及中枢强啡肽基因表达水平的研究

课题类别：中央级公益性科研院所基本科研业务费专项资金项目

项目编号：1610322014007　　　　　　　　　　起止年限：2014.01—2014.12

资助经费：16.70 万元

主持人及职称：王贵波　助理研究员

参　加　人：罗超英　罗永江　谢家声　辛蕊华

摘要：选取犬的"百会""寰枢"，"百会""天门"与"足三里""阳陵"3组组穴，采用SB71-2麻醉治疗兽用综合电疗机进行电刺激。以DL-ZⅡ直流感应电疗机测定犬的左肷部中部痛阈值，以痛阈变化率表示麻醉对痛阈变化的影响。实验结果表明，电针"百会""寰枢"后犬的痛阈值升高最为明显（P＜0.05），同时对血细胞值的影响不显著，对血气相关检测指标的影响也呈现不显著差异，针刺"百会""寰枢"组穴可有效引起白介素1β、白介素2和白介素8的含量升高。以上结果表明，电针"百会""寰枢"组穴对犬有较好的镇痛效果而对犬机体的生理和血细胞指标影响不显著，是一种适合于配合药物麻醉的有效的辅助手法。同时还初步完成了动物病理组织切片和染色的构建工作，完成了病理染色各类试剂的配制。利用预实验的部分兔和犬的脑进行了病理组织切片和染色。摸索了适宜于脑组织的合适的H.E染色条件。还完成了部分免疫组化的预试工作。在本项目的前期资助下，获得甘肃省青年基金1项；获得专利5项，其中发明专利1项；发表论文1篇，投稿SCI论文1篇；项目还完成了狗体针灸穴位刺灸方法录像的拍摄；收集全国各类动物的针灸穴位图谱十余册幅。

国内外优质牧草种质资源圃建立及利用

课题类别：中央级公益性科研院所基本科研业务费专项资金项目

项目编号：1610322014024　　　　　**起止年限**：2014.01—2014.12

资助经费：15.00万元

主持人及职称：朱新强　助理研究员

参　加　人：李锦华　杨晓

摘要：主要从种质的收集，资源圃的种植、管理，牧草生产性状的观察，实验室的相关实验等几个方面的工作进行。共收集到牧草种质140余份，品种60份，种子资源80余份。2014年种植56个牧草品种，每个品种18m²左右；对种植的品种进行精细管理，并观察出苗期、出苗率等情况。2013年种植的苜蓿，靠近水渠一侧的品种，如WL-323、甘农8号等品种，草长势较高。2014年种植的牧草品种，由于气温、土壤肥力等原因，长势较差，需要进一步维护。发表论文1篇，申请发明专利2项，实用新型专利2项。

奶牛主要疾病诊断和防治技术研究

课题类别：中央级公益性科研院所基本科研业务费专项资金项目

项目编号：1610322014028　　　　　**起止年限**：2014.01—2014.12

资助经费：35.00万元

主持人及职称：杨志强　研究员

参　加　人：刘永明　严作廷　李建喜　郑继方

摘要：开展了中国西部地区奶牛乳房炎主要病原菌区系分布及抗生素耐药情况，建立无乳链球菌生化鉴定和血清分型的分子鉴定方法；开展了奶牛乳房炎多联苗佐剂筛选，建立了小鼠的疫苗评价方法；建立中试发酵生产工艺，中试生产乳房炎灭活多联苗15 000ml，完成临床扩大试验。开展了治疗奶牛乏情中药制剂藿芪灌注液的中试生产、加速稳定性和长期稳定性试验，并委托西北民族大学完成了治疗奶牛卵巢静止和持久黄体中兽药藿芪灌注液的临床试验，撰写了新兽药申报材料。对治疗奶牛子宫内膜炎的药物丹翘灌注液进行了加速稳定性试验、长期稳定性试验和抗炎、镇痛药理试验。制备丹翘灌注液225瓶，在甘肃荷斯坦奶牛繁育示范中心奶牛场、吴忠市小西牛养殖有限公司等奶牛场进行了临床试验。开展了治疗犊牛腹泻苍朴口服液的新药申报工作，已进入质量复核阶段；研究了犊牛对犊牛增重的影响，为研制犊牛营养舔砖打下基础；开展了奶牛子宫内膜炎的蛋白质组学研究，筛选出子宫内膜炎发病相关差异蛋白；开展了奶牛蹄叶炎不同发病阶段血液生理、生化指标和血液流变学的检测，为进一步研究蹄叶炎发病机制奠定了坚实基础。授权4项实用新型专利，发表文章14篇，其中SCI文章3篇。

四、科研成果、专利、论文、著作

（一）获奖成果

奶牛乳房炎联合诊断和防控新技术研究及示范

获奖名称和等级：甘肃省农牧渔业丰收一等奖

主要完成单位：中国农业科学院兰州畜牧与兽药研究所

中国农业科学院中兽医研究所药厂

定西市安定区动物疫病预防控制中心

兰州市秦王川奶牛场

主要完成人：王学智　李建喜　杨志强　王旭荣　张景艳　田　华　李宏胜

王　瑜　陈华琦　郭爱国　马军福　韩积清　石广录　赵惠春

韦海宇

任务来源：农业部

起止时间：2008.01—2010.12

内容简介：研发出具有自主知识产权的改良型兰州隐性乳房炎检测技术LMT，与改良前相比准确性提高到98%，与进口同类试剂CMT相比成本降低了50%，已申报了国家专利、国家标准和新兽药注册；建立了乳房炎主要致病菌金黄色葡萄球菌、无乳链球菌、大肠杆菌的多重PCR检测方法，准确性分别为97.24%、96.79%和95.06%；从乳汁中筛选出了辅助诊断奶牛隐性乳房炎的2种活性蛋白酶NAG和MPO；在乳汁体细胞－蛋白因子－分子遗传特性3个层次上集成上述技术，研发出了奶牛乳房炎联合诊断新技术，诊断准确性为96%±4%；利用多重PCR技术，通过牛源Ⅰa型和Ⅱ型无乳链球菌sip基因遗传进化及生物学特性分析和耐药菌株的检测，筛选出与中国株亲缘关系近的Ⅰa型优势无乳链球菌，以此为菌种结合金黄色葡萄球菌生物学特性，制备出了针对Ia型无乳链球菌和金黄色葡萄球菌的二联油佐剂疫苗，免疫2次后抗体持续期可达6个月，保护期为4.6个月左右；根据奶牛乳房炎发病的证型特点，研发出了2种防治奶牛隐性乳房炎的中药"乳宁散"和"银黄可溶性粉"，可显著降低乳汁体细胞数、细菌总数和炎症积分值，显著降低隐性乳房炎和临床乳房炎发病率。制定了适合我国规模奶牛场乳房炎管理评分方案，在奶牛场乳房炎发病监测体系中导入了DHI技术，以DHI体细胞监测值、LMT检测积分值、乳房炎管理评分值、乳汁蛋白酶活性水平4个方面动态分析为依据，首次构建出了适合我国规模化奶牛场乳房炎发病的风险预警配套技术方案。

经过研究与推广，课题组建立了乳房炎联合诊断新技术 1 套，制定了"奶牛隐性乳房炎快速检测技术"行业标准 1 项，申报专利 5 项，发表文章 11 篇，出版专著 3 部，培养研究生 5 名，培训技术人员 600 人次，构建出我国规模化牧场奶牛乳房炎发病风险预警配套技术 1 套，研制出了 2 种防治奶牛隐性乳房炎新中药，制备出了 1 种奶牛乳房炎二联油佐剂灭活疫苗。2011—2013 年相关技术示范推广规模达 50 多万头，已获得经济效益 14 602.12 万元，未来 4 年还可能产生经济效益 32 016.37 万元。该项成果不仅可有效降低乳房炎发病率，还能显著降低推广牧场的化学药物用量和弃奶量，改善乳品质，对公共卫生和食品安全具有重要意义，经济、社会、生态效益显著。

重金属镉/铅与喹乙醇抗原合成、单克隆抗体制备及 ELISA 检测技术研究

获奖名称和等级： 中国农业科学院科技成果二等奖

主要完成单位： 中国农业科学院兰州畜牧与兽药研究所

主要完成人： 李建喜　王学智　张景艳　王　磊　杨志强　王旭荣　秦　哲

　　　　　　张　凯　孟嘉仁　陈化琦　孔晓军

任务来源： 部委计划

起止时间： 2007.07—2012.12

内容简介： 本项目利用小分子化合物免疫分析技术，开展了镉、铅与喹乙醇抗原合成、单克隆抗体制备及 ELISA 检测技术研究，旨在为重金属镉、铅与喹乙醇的批量筛查和快速检测提供理论支撑和技术支持。

利用丁二酸酐法，成功合成出喹乙醇半琥珀酸酯（OLA - HS），采用 IR、TLC、MS、NMR 等方法完成了相关表征分析，其分子量为 363，熔点为 192～196℃。分别采用络合剂双位点桥接法和活泼酯化法，建立、优化重金属 Cd^{2+}、Pb^{2+} 及 OLA 全抗原的合成方法，合成出免疫、检测抗原共 7 种。并采用 AAS、UV、TNBS 等方法完成了 7 种全抗原的表征分析，其中 Cd^{2+}、Pb^{2+} 与 OLA 免疫全抗原的偶联比分别为 55.8、57.1、7.8。利用间接 ELISA 法考查载体蛋白、免疫方法、免疫剂量等条件对抗血清的效价及特异性的影响，确定有效免疫抗原为 KLH - IEDTA - Cd、KLH - DTPA - Pb、OLA - HS - BSA，包被抗原为 BSA - IEDTA - Cd、BSA - DTPA - Pb、OVA - HS - OLA。按 100μg/只的最佳剂量免疫 Balb/C 小鼠，分别获得抗血清效价为 128000（镉，5 免）、204800（铅，5 免）、16000 以上（喹乙醇，4 免）的试验用小鼠，并取其脾脏细胞用于细胞融合，融合率可达 95% 以上。采用优化后的细胞融合技术，分别得到 3 株可稳定传代的阳性杂交瘤细胞株 1A1、3H12、1H9，并制备出抗镉、铅及喹乙醇腹水型单克隆抗体，其亚类分别为 IgG1、IgG1、IgG2a 型，腹水效价分别为 2.56×10^5 以上、2.56×10^5 以上、1.6×10^7；蛋白浓度为 15.04、12.14、3.24（纯化后）mg/ml。利用所获得的抗镉、铅及喹乙醇单克隆抗体，建立并优化间接竞争 ELISA 检测方法，并进行了应用研究，在 1.5～128.00μg/L 的浓度范围内，Cd^{2+}、Pb^{2+} 浓度与抑制率有良好的线性关系，IC_{50} 分别为 11.35、9.84μg/L。与其他金属元素与抗体无明显交叉反应性；在 1～243ng/ml 的范围内，OLA 浓度与抑制率有良好的线性关系，IC_{50} 为 9.97 ± 3.50ng/ml，与 MQCA、QCA 及其他喹噁啉类药物几乎无反应性，通过与 HPLC、AAS 方法的比较，证明该方法可靠，可用于重金属镉、铅及喹乙醇的定量、半定量分析。

牦牛选育改良及提质增效关键技术研究与示范

获奖名称和等级：甘肃省科技进步二等奖

主要完成单位：中国农业科学院兰州畜牧与兽药研究所

主要完成人：阎　萍　梁春年　郭　宪　杨　勤　裴　杰　包鹏甲　曾玉峰
潘和平　褚　敏　石生光　丁学智　王宏博　卢建雄　喻传林
朱新书

任务来源：甘肃省科技重大专项计划
国家"863"计划
甘肃省农业生物技术研究与应用开发项目
甘肃省科技攻关计划项目
中央级公益性科研院所基本科研业务费专项
现代农业产业技术体系

起止时间：2006.01—2013.12

内容简介：建立甘南牦牛核心群 5 群 1 058 头，选育群 30 群 4 846 头，扩繁群 66 群 9 756 头，推广甘南牦牛种牛 9 100 头，建立了甘南牦牛三级繁育技术体系。利用大通牦牛种牛及其细管冻精改良甘南当地牦牛，建立了甘南牦牛 AI 繁育技术体系，推广大通牦牛种牛 2 405 头，冻精 2.10 万支。改良犊牛比当地犊牛生长速度快，各项产肉指标均提高 10% 以上，产毛绒量提高 11.04%。通过对牦牛肉用性状、生长发育相关的候选基因辅助遗传标记研究，使选种技术实现由表型选择向基因型选择的跨越，已获得具有自主知识产权的 12 个牦牛基因序列 GenBank 登记号，为牦牛分子遗传改良提供了理论基础。应用实时荧光定量 PCR 及 western blotting 技术，对牦牛和犏牛 Dmrt7 基因分析，检测牦牛和犏牛睾丸 Dmrt7 基因 mRNA 及其蛋白的表达水平，探讨其与犏牛雄性不育的关系，为揭示犏牛雄性不育的分子机理提供理论依据。制定《大通牦牛》《牦牛生产性能测定技术规范》农业行业标准 2 项，可规范牦牛选育和生产，提高牦牛群体质量，进行标准化选育和管理。优化牦牛生产模式，调整畜群结构，暖棚培育和季节性补饲，组装集成牦牛提质增效关键技术 1 套，建成甘南牦牛本品种选育基地 2 个，繁育甘南牦牛 3.14 万头，养殖示范基地 3 个，近三年累计改良牦牛 39.77 万头。

项目以牦牛选育和提质增效为目标，通过产、学、研联合，建立了以本品种选育、杂交改良、营养调控、分子标记辅助选择技术、功能基因挖掘等为主要内容的牦牛种质资源创新利用与开发综合配套技术体系，该技术已成为牦牛主产区科技含量高、经济效益显著、牧民实惠多、发展潜力大的畜牧业适用技术。成果应用近三年来，新增总产值 2.089 亿元，新增利润 1.073 亿元，产生了良好的社会效益和生态效益。本研究经甘肃省科技文献信息中心查新并经甘肃省科技厅组织的专家鉴定，一致认为该成果在同类研究中据国际先进水平。

牛羊微量元素精准调控技术研究与应用

获奖名称和等级：甘肃省科技进步三等奖

主要完成单位：中国农业科学院兰州畜牧与兽药研究所

主要完成人：刘永明　王胜义　荔　霞　王　慧　辛国省　齐志明　张　力
　　　　　　　刘世祥　王　瑜　周学辉　丁学智　陈化琦　董书伟

任务来源：省部委计划

起止时间：2006.01—2013.12

内容简介：本项目通过对甘肃等省（区）牛羊主要养殖区土壤、牧草、牛羊血清微量元素动态变化进行系统检测、牛羊生产性能和相关疾病流行病学调查，制定出微量元素调控技术和补饲技术。研制出奶牛、肉（牦）牛、犊牛和羊微量元素舔砖系列新产品8种，试验期内提高奶牛日产奶量2.44kg；提高肉牛日增重0.133kg、犊牛日增重0.259kg、肉羊日增重0.0269kg；提高母牛受胎率7.32%、犊牛成活率8.01%、母羊受胎率9.75%；降低母牛流产率5.16%、乳房炎发病率13.89%、胎衣不下发病率17.22%、子宫内膜炎发病率13.19%、生产瘫痪发病率4.8%。研制出牛羊缓释剂2种，试验期内提高奶牛日产奶量0.47kg；提高肉牛日增重0.157kg、羊日增重0.0281kg、母牛受胎率6.25%、母羊受胎率10.6%、羔羊成活率9.0%；降低母牛流产率2.75%、乳房炎发病率10.49%、胎衣不下发病率12.78%、子宫内膜炎发病率11.4%。研制出牛羊舔砖专用支架2种和缓释剂专用投服器2种，达到长期、持续、清洁补充微量元素的目的。

获甘肃省饲料工业办公室批准的添加剂预混料生产文号8个，甘肃省质量技术监督局企业产品标准8个；申报专利18项，其中授权11项、公开并进入审查7项；出版著作3部；发表论文45篇（其中SCI6篇，一级学报3篇）。

取得农业部添加剂预混合饲料生产许可证1个；建立添加剂预混料生产车间和2条微量元素舔砖和缓释剂生产线；通过新产品技术转让，在中国农业科学院中兽医研究所药厂等2家企业建立生产基地并批量生产；产品已在甘肃、青海、宁夏等省（区）52个试验示范点（区）共推广应用牛共29.77万头（次）、羊共57.65万只（次）；经中国农业科学院农业经济与发展研究所测算，实现经济效益44 728.25万元。

本成果的重点是微量元素精准调控技术的建立和新型、高效、安全、环保牛羊微量元素添加剂的研究与推广应用，具有明显的创新性；工艺与设计独特新颖；投入低、产出率高，推广应用前景广阔。

河西走廊牛巴氏杆菌病综合防控技术研究与推广

获奖名称和等级：甘肃省科技进步二等奖
　　　　　　　　　甘肃省农牧渔丰收一等奖

主要完成单位：甘肃省动物疫病预防控制中心
　　　　　　　　中国农业科学院兰州畜牧与兽药研究所
　　　　　　　　张掖市动物疫病预防控制中心
　　　　　　　　武威市动物疫病预防控制中心
　　　　　　　　金昌市动物疫病预防控制中心

主要完成人：郭慧琳　高仰平　贺泂杰　何彦春　马　忠　齐　明　张文波
　　　　　　　薛喜娟　李　珊　李开生　杨开山　魏炳成　李国治　聂　英
　　　　　　　牛永安

任务来源：部委计划

起止时间：2011.01—2013.12

内容简介：该项目通过对河西牛巴氏杆菌病从流行病学调查及病原分离鉴定研究，查清了牛巴氏杆菌病的发病、死亡情况和病原血清型，研制了适合本地血清型的 A 型牛巴氏杆菌灭活疫苗、高免血清，筛选了治疗特效药物和特效消毒剂。并将研究成果集成配套，在河西 5 市 19 个县区进行规模推广应用。项目实施期，申报国家发明专利 1 项、实用新型专利 7 项，制定甘肃省地方标准 10 项，在国家级刊物上发表论文 6 篇。2011—2013 年在河西 5 市累计防控牛共 540 万头，推广覆盖面达 90.35%，使河西走廊牛巴氏杆菌病的发病范围大幅度缩小，发病频次有了大幅度的下降，总体发病、死亡率分别由 1.72%、1.12% 下降到了 0.81%、0.41%，分别下降了 0.91 个、0.71 个百分点。2011—2013 年，分别以市、县区为单位，每年连续 12 个月无区域性暴发流行，发病率未超过 1%，达到了有效控制标准，使 1.5 岁出栏肉牛的平均体重由 596.2kg 提高到了 598.4kg，提高了 2.2kg。3 年已获得经济效益 58 554.25 万元。该项目的实施不仅极大地提高了规模养牛的数量和质量，而且还增强了畜产品的社会信誉、品牌效应和市场竞争力。同时，又增加了社会的有效供给和农民的就业机会，促进了种植业、养殖业和食品业的发展。

成果名称：**河西走廊牛巴氏杆菌病综合防控技术研究与推广**

获奖名称和等级：甘肃省科技进步二等奖

主要完成单位：甘肃省动物疫病预防控制中心

　　　　　　　中国农业科学院兰州畜牧与兽药研究所

　　　　　　　张掖市动物疫病预防控制中心

主要完成人：贺奋义　魏玉明　贺洞杰　何彦春　郭慧琳　张登基　张维义

　　　　　　哈　利　李国治　齐　明　李金山　魏炳成　李长保

任务来源：部委计划

起止时间：2011.01—2013.12

内容简介：该项目通过对河西牛巴氏杆菌病从流行病学调查及病原分离鉴定研究，查清了牛巴氏杆菌病的发病、死亡情况和病原血清型，研制了适合本地血清型的 A 型牛巴氏杆菌灭活疫苗、高免血清，筛选了治疗特效药物和特效消毒剂。并将研究成果集成配套，在河西 5 市 19 个县区进行规模推广应用。项目实施期，申报国家发明专利 1 项、实用新型专利 7 项，制定甘肃省地方标准 10 项，在国家级刊物上发表论文 6 篇。2011—2013 年在河西 5 市累计防控牛共 540 万头，推广覆盖面达 90.35%，使河西走廊牛巴氏杆菌病的发病范围有了大幅度的缩小，发病频次有了大幅度的下降，总体发病、死亡率分别由 1.72%、1.12% 下降到了 0.81%、0.41%，分别下降了 0.91、0.71 个百分点。2011—2013 年，分别以市、县区为单位，每年连续 12 个月无区域性暴发流行，发病率未超过 1%，达到了有效控制标准，使 1.5 岁出栏肉牛的平均体重由 596.2kg 提高到了 598.4kg，提高了 2.2kg。3 年已获得经济效益 58 554.25 万元。该项目的实施不仅极大地提高了规模养牛的数量和质量，而且还增强了畜产品的社会信誉、品牌效应和市场竞争力。同时增加了社会的有效供给和农民的就业机会，促进了种植业、养殖业和食品业的发展。

鸽Ⅰ型副粘病毒病胶体金免疫层析快速诊断试剂条的研究与应用

获奖名称和等级：甘肃省农牧渔丰收二等奖

主要完成单位：甘肃省动物疫病预防控制中心

　　　　　　　中国农业科学院兰州畜牧与兽药研究所

　　　　　　　武威市动物疫病预防控制中心

主要完成人：孟林明　杨　明　贺洞杰　张登基　张小宁　车小蛟　漆晶晶

　　　　　　王伟峰　刘　渊　道吉吉　周海军　王文元　谭正锋

任务来源：部委计划

起止时间：2010.12—2013.12

内容简介：本项目首先纯化鸽Ⅰ型副粘病毒，以鸽Ⅰ型副粘病毒为包被抗原，建立间接 ELISA 检测方法，然后原核表达鸽Ⅰ型副粘病毒 F 蛋白，纯化后作为免疫原，免疫 BALB/C 小鼠，制备单克隆抗体，采用柠檬酸钠还原法制备胶体金，把制备的胶体金标记单抗，组装成胶体金免疫层析试纸条，进行质量检测。

（1）进行鸽Ⅰ型副粘病毒的纯化及其间接 ELISA 方法的建立，按照 PEG6000 沉淀法纯化鸽Ⅰ型副粘病毒尿囊液，以纯化的病毒作为包被抗原，用方阵法确定最佳 ELISA 检测方法，筛选出检测鸽Ⅰ型副粘病毒抗体的间接 ELISA 试验的最佳工作条件为：抗原稀释 3 200 倍，即抗原浓度为 $0.677\mu g/ml$ 的抗原包被浓度，阴阳性血清最佳稀释度为 1：400，一抗和酶标二抗的作用时间时间为 60min，底物显色时间为 15min。用建立的 ELISA 检测方法对鸡传染性支气管炎、鸡减蛋综合征、鸡马立克、猪瘟、猪传染性胃肠炎、羊痘、大肠杆菌、沙门氏菌阳性血清进行检测，其结果均为阴性，没有交叉反应。

（2）进行鸽Ⅰ型副粘病毒 F 基因的原核表达及其生物活性研究：把鸽Ⅰ型副粘病毒 F 基因片段连接到 PGEX－4T－1 原核表达载体中，与 GST 蛋白融合表达，经 IPTG 诱导和 SDS－APGE 分析，表明目的蛋白在大肠杆菌 BL21 中得到高效表达，表达产物分子量约为 60Kda；把表达的蛋白进行纯化，把 F 蛋白为抗原，免疫 BALB/C 小鼠，结果表明，表达的蛋白具有具有较好的免疫原性和反应原性，同时通过实验也确定以 $100\mu g/100\mu l$ 剂量免疫小鼠可产生较高的免疫效价。

（3）进行鸽Ⅰ型副粘病毒单克隆抗体的制备：采用纯化后鸽Ⅰ型副粘病毒 F 蛋白作为抗原材料，按常规方法构建并筛选出能够稳定分泌抗鸽Ⅰ型副粘病毒 F 蛋白的单克隆抗体杂交瘤细胞株，对其中效价最高的一株进行特性测定，杂交瘤细胞的腹水抗体效价为 6.4×10^4 以上，细胞培养液的效价为 1：800，其亚类为 lgG2b，轻链为 κ 链，染色体数目为 98 条；用单抗进行血凝抑制试验，单抗没有血凝抑制效价；用间接 ELISA 进行单抗的特异性试验，表明单抗与鸡传染性支气管炎、鸡减蛋综合征、鸡马立克、猪瘟、猪传染性胃肠炎、羊痘、大肠杆菌、沙门氏菌没有交叉反应，而与鸡新城疫具有较强的交叉反应。

（4）进行鸽Ⅰ型副粘病毒免疫胶体金层析试纸条的组装及质量检测：采用柠檬酸钠还原法制备胶体颗粒，用胶体金标记纯化的抗鸽Ⅰ型副粘病毒 F 蛋白的单克隆抗体，包被在玻璃纤维膜上，另外将纯化的单抗和羊抗鼠抗体包被在硝酸纤维膜上，组装成鸽

Ⅰ型副粘病毒免疫胶体金层析试纸条，进行质量检测盒临床应用效果检测，结果表明该试纸条特异性强，不与鸡传染性支气管炎、鸡减蛋综合征、鸡马立克、猪瘟、猪传染性胃肠炎、羊痘、大肠杆菌、沙门氏菌等其他样品发生交叉反应，准确性非常高；批间和批内的重复性较好；制备的试纸条置4℃避光密封干燥保存一年，37℃放置10d，对其性能没有任何影响。通过对临床样品应用试验，结果表明试纸条检测咽喉刮取物棉拭子与病毒分离鉴定的符合率为97.5%，试纸条检测病料与病毒分离鉴定的符合率为100%，试纸条检测棉拭子的符合率和病毒分离鉴定的符合率达到97%以上，说明组装的试纸条的敏感性和特异性是比较强的，可以作为临床检测新城疫的方法应用。

（5）在项目实施期间，制备鸽Ⅰ型副粘病毒免疫胶体金层析试纸条，2011—2013年，在甘肃省各养鸽场和养鸡场用鸽Ⅰ型副粘病毒病的免疫胶体金层析快速诊断试纸检测疑似鸽Ⅰ型副粘病毒病和鸡新城疫1 500例，确诊800例，对130万羽的鸽子和鸡采取防疫措施，使得鸽场和鸡场的发病率和死亡率显著降低，减少直接经济损失1 530多万元。鸽Ⅰ型副粘病毒病胶体金免疫层快速诊断试纸条推广应用，可缩短该病的确诊时间和防治措施采取的准备时间，可降低鸽鸽Ⅰ型副粘病毒病和鸡新城疫的死亡率，杜绝该病的蔓延，降低企业的防疫费用，减少经济损失，促进养禽产业的发展。本项目的经济效益和社会效益十分显著，具有广阔的推广应用前景。申报国家发明专利1项，实用新型专利5项。

肃北县河西绒山羊杂交改良技术研究与应用

获奖名称和等级：酒泉市科学技术进步三等奖
主要完成单位：甘肃省肃北县畜牧兽医局
      中国农业科学院兰州畜牧与兽药研究所
主要完成人：赵双全　陈学俊　于志平　郭天芬　于天军　刘玉华　傲巴义尔
任务来源：肃北县人民政府科技计划项目
起止时间：2006.01—2011.12
内容简介：河西绒山羊是我国古老的山羊品种之一，主要分布在甘肃省河西走廊一带，肃北县是其核心产区。本品种抗寒耐粗饲，行动灵活且不易得病，适宜高山远牧，是甘肃省珍贵的品种资源之一。近年来，由于放牧区生态环境恶化，放牧地带向高山区萎缩，使绒山羊各群体内近交系数不断增大，加之放牧区饲养量的不断增加，使绒山羊在本品种选育中对公、母羊的选择强度变小，导致河西绒山羊整个种群的产绒量偏低。

6年引进1 800只优质绒山羊种羊，全县建成26个河西绒山羊选育提高示范点，提供优质河西绒山羊12万只的良种繁育体系；核心产区周岁产绒量达到350g，2岁产绒量达到400g，3岁产绒量达到450g，群体平均产绒量达到400g以上；核心产区羊绒品质普遍提高，2011年的平均产绒量为502.65g，与项目实施前的平均产绒量为220.5g，相比，增加282.15g，净增127.96%。绒长度达5cm以上，绒细度小于16.0μm，单纤维断裂强力达2.0cN以上，伸长率超过1.5%，绒层厚度达到4cm以上，净绒率达到50%以上；育成河西绒山羊成年母羊繁殖率达到90%以上；核心产区羊只病死率在5%以内。通过本品种选育和杂交改良，最显著的效果是产绒量明显提高。其他如体重、绒厚及体尺指标都有明显的增加。

经采用中国农业科学院科技成果经济效益测算方法计算，本项目新增纯收益3 868.586 4万元，年平均增收644.764 4万元，至2011年，项目区户均年增收0.9万元。本项目的实施，一是促进了河西绒山羊产业的发展，奠定了坚实的基础；二是增加了牧民收入，推动了农牧村经济的发展；三是充分发挥了河西绒山羊的生产性能，增收不增羊，对减轻草场压力，缓解草畜矛盾，保护生态环境，起到了积极的作用。

（二）草品种证书及新兽药证书

陇中黄花矶松

类别： 野生栽培品种

育成人： 路远

品种登记号： GCS013

简介： 陇中黄花矶松源于极干旱环境，是我国北方荒漠戈壁的广布种。陇中黄花矶松属于观赏草野生驯化栽培品种，该品种的原始材料源于荒漠戈壁植物，为多年生草本。培育的新品种主要用于园林绿化、植物造景、防风固沙、饲用牧草和室内装饰等多种用途，具有抗旱性极强，高度耐盐碱、耐贫瘠，耐粗放管理；株丛较低矮，花朵密度大，花色金黄，观赏性强的显著特点。花期长达200d左右，青绿期210～280d（地域不同），花形花色保持力极强，花干后不脱落、不掉色，是理想的干花、插花材料与配材。能适应我国北方极干旱地区的大部分荒漠化生态条件。

航苜1号紫花苜蓿

类别： 育成品种

育成人： 常根柱

品种登记号： GCS014

简介： 航苜1号紫花苜蓿新品种是我国第一个航天诱变多叶型紫花苜蓿新品种。该品种基本特性是优质、丰产，表现为多叶率高、产草量高和营养含量高。叶以5叶为主，多叶率达41.5%，叶量为总量的50.36%；干草产量15 529.9kg/hm^2，平均高于对照12.8%；粗蛋白质含量20.08%，平均高于对照2.97%；18种氨基酸总量为12.32%，平均高于对照1.57%；种子千粒重2.39g，牧草干鲜比1∶4.68。该品种适宜于黄土高原半干旱区、半湿润区，河西走廊绿洲区及北方类似地区推广种植，对改善生态环境和提高畜牧业生产效益具有重要意义。

（三）国家标准

西藏羊

主持人： 牛春娥

标准号： 国标 GB/T 30960—2014

标准范围： 本标准规定了西藏羊的品种来源、品种特征、生产性能、等级评定及鉴定方法等。本标准适用于西藏羊的品种鉴定和等级评定。

河西绒山羊

主持人： 郭天芬

标准号： 国标 GB/T 30959—2014

标准范围： 本标准规定了河西绒山羊的品种来源、品种特性、生产性能和分级鉴定。本标准适用于河西绒山羊的品种鉴别、等级评定。

（四）发明专利

专利名称：毛绒样品抽样装置

专利号：ZL201210249404.5

发明人：郭天芬　李维红　牛春娥　杨博辉　梁丽娜　杜天庆　常玉兰

授权公告日：2014.02.26

摘要：本发明为抽取绒毛，如羊毛、羊绒、牦牛绒、骆驼绒等纤维类物品或粉粒状物料的样品的辅助工具。本发明装置包括有一个抽样框和至少一个抽样隔板，其中：抽样框由两个相互用铰链相连接的两个矩形边框构成，每个矩形边框有与抽样隔板的板顶端相配合的卡槽；装置中的抽样隔板为单一的方格形的抽样隔板或十字形的抽样隔板或"V"字形的抽样隔板中的任一种或其组合。

专利名称：截断侧耳素衍生物及其制备方法和应用

专利号：ZL201210427093.7

发明人：梁剑平　尚若锋　刘　宇　郭文柱　陶　蕾　郭志廷　华兰英

　　　　蒲秀英　幸志君　郝宝成　王学红

授权公告日：2014.04.09

摘要：本发明公开一类新的截短侧耳素衍生物，该类化合物对金黄色葡萄球菌、表皮球菌、大肠杆菌和无乳链球菌具有良好的抑制作用，具有邻位或对位取代基团（如 Cl、CH_3、OCH_3 或 NH_2）的苯基基团的抗菌活性要优于具有间位取代基团的苯基基团的抗菌活性，部分具有对位或邻位取代的芳基的化合物对表皮球菌或无乳链球菌的抗菌活性与沃尼妙林相同，可用于制备抗菌药物。该类化合物合成方法原料易得、价格低廉，操作简单，产物容易分离、纯化，收率高，总收率在 35%～45%。

专利名称：一种注射用鹿蹄草素含量测定的方法

专利号：ZL200910119068.0

发明人：梁剑平　郭志廷　叶得河　王曙阳　郭文柱　刘　宇　尚若峰　王学红

　　　　郑红星　华兰英

授权公告日：2014.01.09

摘要：本发明公开了一种注射用鹿蹄草素含量测定的方法，涉及化学药物含量测定领域。该方法包括：配置流动相、设置色谱条件、配置鹿蹄草素标准品、供试品贮备液、制作鹿蹄草素标准曲线，进样检测含量。其中配制鹿蹄草素标准品、供试品贮备液时加入了附加物亚硫酸氢钠、依地酸二钠，增加贮备液稳定性。本实验所采用的方法不但适用于注射用鹿蹄草素含量测定，而且为在溶液中极不稳定的氢醌类、酚类等药物的 RP-HPLC 含量测定提供了一种新方法。该方法具有操作简便快速、结果准确可靠、测定时间方面限制较小的优点，同样适用于在溶液中极不稳定的氢醌类、酚类等药物。

专利名称：一种喹乙醇残留标示物高偶联比的全抗原合成方法

专利号：ZL201210151680.8

发明人：张景艳　李建喜　张　凯　杨志强　王　磊　王学智　张　宏　孟嘉仁

　　　　秦　哲

授权公告日：2014.04.30

摘要：本发明公开一种高偶联比的喹乙醇残留标示物全抗原合成方法。该方法采用 N，N′–二异丙基碳二亚胺为催化剂，3–甲基喹喔啉–2–羧酸与过量的 N–羟基琥珀酰亚胺发生酯化反应，酯化物再与载体蛋白偶联反应即得到高偶联比的喹乙醇残留标示物全抗原。本发明使用的催化剂安全性更高，不易造成操作人员的过敏，且副产物少，所得全抗原偶联比可达到 32～62；所得抗原免疫小鼠后，可得到抗体效价在 128 000 以上的 MQCA 多克隆抗体，与喹乙醇、喹烯酮、痢菌净的交叉反应性均小于 20%，与氯霉素、盐酸克伦特罗、抗生素类等无交叉反应性。

专利名称：一种防治猪气喘病的中药组合物及其制备和应用

专利号：ZL201310022928.5

发明人：辛蕊华　郑继方　谢家声　王贵波　程　龙　罗永江　罗超应　李锦宇

授权公告日：2014.09.10

摘要：本发明公开了一种防治猪气喘病的中药组合物，本发明对猪气喘病有很高的治愈率，通过对人工发病的猪气喘病模型的疗效观察，受试药物高、中剂量组在猪气喘病疗效及猪只增重上效果明显，完全适合用于猪气喘病的防治。

专利名称：一种防治猪传染性胃肠炎的中药复方药物

专利号：ZL201310144692.2

发明人：李锦宇　王贵波　罗超应　谢家声　郑继方　罗永江　辛蕊华

授权公告日：2014.06.11

摘要：本发明公开一种防治猪传染性胃肠炎的中药复方药物。本发明的复方药物组成为：藿香 150±10 重量份，党参 100±10 重量份，白术 100±10 重量份，附子（制）50±5 重量份，半夏 50±5 重量份，茯苓 50±5 重量份，桔梗 100±10 重量份，炮姜 100±10 重量份，吴茱萸 80±10 重量份，炙甘草 100±5 重量份。经试验表明，本发明具有芳香化湿、解毒排浊、回阳救逆、散寒止痛、降逆止呕、益气健脾、扶正祛邪功能，能够有效防治猪传染性胃肠炎。

专利名称：一种治疗猪流行性腹泻的中药组合物及其应用

专利号：ZL201310147391.5

发明人：李锦宇　王贵波　罗超应　谢家声　郑继方　罗永江　辛蕊华

授权公告日：2014.09.17

摘要：本发明公开了一种治疗猪流行性腹泻的中药组合物，它由以下重量份的成分组成：金银花：80±5 份，藿香：150±10 份，党参：80±5 份，白术：80±5 份，厚朴：100±5 份，半夏：100±5 份，茯苓：80±5 份，生姜：50±5 份，甘草：80±5 份。本发明的中药组合物具有整体疗效高、不易产生耐药性、残留低、毒副作用小等优点，其对许多病毒病原的生长与繁殖具有显著的抑制作用，甚至能达到杀灭病原的药理效果，对于促进养猪业的健康发展具有十分重要的经济效益和社会意义。

专利名称：一种以水为基质的伊维菌素 O/W 型注射液及其制备方法

专利号：ZL201210155464.0

发明人：周绪正　张继瑜　李　冰　李剑勇　魏小娟　牛建荣　杨亚军　刘希望

李金善

授权公告日：2014.09.10

摘要：本发明公开了一种以水为基质的伊维菌素 O/W（水包油）型注射液及其制备方法，该注射液由中碳链三甘酯、豆磷脂、1，2-丙二醇、聚乙二醇-12-羟基硬脂酸酯、伊维菌素、注射用水组成的 O/W 注射液；发明的关键点是注射液配方组成及各组分的含量确定，该注射液主要是以水为基质，含有少量的有机溶剂，减少了有机溶剂对畜禽和环境的影响，对生产者和使用者的危害小，贮藏、运输更安全；对畜禽毒副作用小；解决了由于传统剂型在生产和使用过程中对畜禽的伤害及对环境的污染等问题。

专利名称：一种防治牛猪肺炎疾病的药物组合物及其制备方法

专利号：ZL201210041157.X

发明人：李剑勇　杨亚军　刘希望　张继瑜　李新圃　王海为　周绪正　李　冰
　　　　魏小娟　牛建荣

授权公告日：2014.08.27

摘要：本发明公开一种防治牛猪肺炎疾病的药物组合物及其制备方法，药物组合物制备方法是采用混合溶剂制备、药液初配、药液配制三步骤制成注射剂。本发明通过大量临床使用，证明该药物具有抗菌、抗炎、抗支原体功能，对治疗和预防牛、猪上呼吸道感染性疾病，尤其是包括支原体肺炎综合症在内的各种肺炎疾病具有高效长效特点，治疗效果良好，其应用对于推动我国养牛养猪业的发展将产生积极作用。

专利名称：一种常山碱的提取工艺

专利号：ZL201210015939.6

发明人：郭志廷　梁剑平　罗晓琴　雷宏东

授权公告日：2014.08.13

摘要：本发明公开了一种常山碱的提取工艺，常山药材干燥、粉碎为常山粗粉；得到的常山粗粉与质量浓度为 5% 以下的盐酸按质量与体积比 1：（3~15）混合，在 20~80℃下超声提取 0.5 小时以上，抽滤，收集滤液；滤液用浓氨水调 pH 值至 8 以上，二氯甲烷萃取 3 次，收集下层液；下层液减压浓缩，收集浓缩液；浓缩液用硅胶柱层析纯化后洗脱，收集洗脱液；洗脱液减压浓缩，得到常山碱浸膏。该方法克服了传统技术提取率低、提取周期长、成本昂贵、工艺复杂、无法大生产等不足，可以高效率地从常山中分离较高纯度的常山碱，为常山碱的工业化生产和球虫病防治奠定了基础。

专利名称：一种苦马豆素的酶法提取工艺

专利号：ZL201210176457.9

发明人：郝宝成　梁剑平　杨贤鹏　王学红　陶　蕾　王保海　刘建枝　刘　宇
　　　　郭文柱　尚若锋　郭志廷　华兰英

授权公告日：2014.8.13

摘要：本发明公开了一种苦马豆素的酶法提取工艺，将茎直黄芪晾干，粉碎后过 40~80 目筛；以 pH 值为 4.5 的水作为溶剂，在水中加入纤维素酶和制备的茎直黄芪粉；纤维素酶加入量为茎直黄芪重量的 1%~5%，茎直黄芪与溶剂的重量体积比为 1：（10~50）g/ml；50℃下反应 1~5h，得到苦马豆素的提取液。本发明提出的苦马豆素的酶法提取工艺具有提取率高、能耗低、提取时间短的优点。

专利名称：一种提取黄芪多糖的发酵培养基

专利号：ZL201210141832.6

发明人：张　凯　李建喜　张景艳　孟嘉仁　杨志强　王学智

授权公告日：2014.10.29

摘要：本发明公开了一种提取黄芪多糖的发酵培养基，由以下重量份数的成分制备完成：乳清粉：3.908～6.408；蛋白胨：0.445～0.467；葡萄糖：0.04～0.2；酵母粉：0.102～0.522；磷酸二氢钾和磷酸氢二钾：0.142～0.246；黄芪粉：12.54～19.46；水：200；本发明公开的提取黄芪多糖的发酵培养基能够使黄芪多糖的提取率明显增高且非常稳定、在提取产物中的含量显著增加。

专利名称：一种防治鸡慢性呼吸道病的中药组合物及其制备和应用

专利号：ZL201310154850.2

发明人：王贵波　谢家声　郑继方　辛蕊华　罗永江　李锦宇　罗超应

授权公告日：2014.10.13

摘要：本发明公开了一种防治鸡慢性呼吸道病的中药组合物，包括以下重量份的组分：麻黄6份，杏仁6份，石膏6份，苏子6份，桑白皮4份，半夏4份，黄芩4份，川贝母4份，甘草1份。本发明的中药组合物具有对防治鸡慢性呼吸道病效果好、对支原体作用具有多靶性、低残留、生物安全性好的优点。

专利名称：一种藏羊专用浓缩料及其配制方法

专利号：ZL201310090240.0

发明人：王宏博　阎　萍　郭　宪　梁春年　朱新书　郎　侠　丁学智

授权公告日：2014.10.15

摘要：本发明公开了一种藏羊专用浓缩料及其配制方法，该藏羊专用浓缩料的组成原料及质量配比为：向日葵仁粕22.16%、菜籽粕17.74%、豆粕15.69%、麦芽11.95%、玉米酒糟20.99%、微量元素添加剂9.04%、食盐2.43%；配制该藏羊专用浓缩料时，首先将向日葵仁粕、菜籽粕、豆粕、麦芽根、玉米酒糟以一定的质量比混合，粉碎、搅拌均匀；然后向所得加工粉碎的原料中加入微量元素添加剂、食盐，充分混合、搅拌均匀；最后对所得藏羊专用浓缩料装袋包装；该藏羊专用浓缩料不仅保证了藏羊安全度过冬春季，而且可保证藏羊妊娠期的营养供给，提高了藏羊羔羊的出生成活率、出生重以及当年断奶羔羊成活率，综合经济效益明显。

专利名称：一种藏羊提纯复壮的方法

专利号：ZL201310084732.9

发明人：梁春年　杨　勤　郎　侠　阎　萍　王宏博　孙胜祥　杨树猛

授权公告日：2014.10.15

摘要：本发明公开了一种欧拉羊复壮的方法，根据欧拉羊的牧户生产水平，制定遴选进入选育群的欧拉羊初步标准，以此指导组建选育群，包括一、二、三级选育群；对组建的一级选育群投放野生的盘羊进行杂交，并对杂交后代测定和选留；根据个体本身表型和后裔鉴定成绩选种，同时采用个体选配；一级选育群培育的优良后代推广到二、三级选育群进行扩繁，优良的后代采取滚动投放发展模式复壮欧拉羊；本发明从遗传育种角度选择藏羊的合适的近缘野生种盘羊个体并注意保持特有的遗传特性，通过杂交育种技术复壮欧拉羊，盘羊与欧拉羊良种杂交后代初生、3月龄、6月龄、12月龄体重比欧拉羊群体平均提高10~15%，产肉性提高10%以上，推动了欧拉羊的健康发展。

（五）实用新型专利

序号	专利名称	专利号	第一发明人	授权公告日
1	一种用于奶牛临床型乳房炎乳汁性状观察的诊断盘套装	ZL201320589243.4	王旭荣	2014.03.19
2	温热灸按摩一体棒	ZL201320324028.1	王贵波	2014.01.22
3	一种可拆卸式糟渣饲料成型装置	ZL201320605686.8	王晓力	2014.03.26
4	一种糟渣饲料成型装置	ZL201320599758.2	王晓力	2014.03.26
5	一种聚丙烯酰胺凝胶制备装置	ZL201320488482.0	裴 杰	2014.01.22
6	一种RNA酶去除装置	ZL201320460609.8	裴 杰	2014.01.22
7	一种野外牦牛分群补饲装置	ZL201320232591.6	梁春年	2014.01.15
8	一种牦牛野外称量体重的装置	ZL201320079880.7	梁春年	2014.02.19
9	集成式固体食品分析样品采样盒	ZL201320825605.5	熊 琳	2014.05.14
10	一种测定溶液PH的装置	ZL201320815357.6	熊 琳	2014.05.14
11	畜禽内脏粉碎样品取样器	ZL201320790883.1	李维红	2014.05.07
12	奶牛子宫用药栓剂的制备模具	ZL201320366075.2	梁剑平	2013.12.18
13	一种羊毛分级台	ZL201320314448.1	牛春娥	2013.12.18
14	一种单子叶植物幼苗液体培养用培养盒	ZL201420036315.7	王春梅	2014.6.25
15	一种适用于长时间萌发且便于移栽的种子萌发盒	ZL201420039152.8	王春梅	2014.6.25
16	一种采集奶牛子宫内膜分泌物的组合装置	ZL201320700881.9	王旭荣	2014.06.11
17	一种冻存管集装裹袋	ZL201420055296.2	张世栋	2014.07.23
18	一种用于琼脂平板培养基细菌接种的滚动涂抹棒	ZL201420007463.6	杨 峰	2014.06.18
19	一种畜禽肉及内脏样品水浴蒸干搅拌器	ZL201420023334.6	李维红	2014.6.25
20	一种自动洗毛机	ZL201420026738.3	熊 琳	2014.6.9
21	涡旋混合器	ZL201420069694.x	熊 琳	2014.6.18
22	一种超声清洗仪	ZL201420069735.5	熊 琳	2014.6.12
23	一种皮革取样刀	ZL201420142056.6	牛春娥	2014.6.24
24	一种便携式可旋转绵羊毛分级台	ZL201320471973.4	孙晓萍	2014.3.12
25	一种新型适用于液氮冻存的七孔纱布袋	ZL201320831429.6	褚 敏	2014.6.4

（续表）

序号	专利名称	专利号	第一发明人	授权公告日
26	一种适用于冻存管的动物软组织专用取样器	ZL201320809800.9	褚　敏	2014.6.4
27	一种种用牦牛补饲栏装置	ZL201420097955.9	郭　宪	2014.7.16
28	一种适用于薄层板高温加热的支架	ZL201420180651.9	辛蕊华	2014.08.13
29	一种啮齿动物保定装置	ZL201420170367.3	罗永江	2014.09.10
30	圆形容器清洗刷	ZL201420199827.5	王贵波	2014.08.27
31	家畜灌胃开口器	ZL201420060230.2	王贵波	2014.07.09
32	一种大鼠电子体温检测装置	ZL201420176295.3	张世栋	2014.8.27
33	一种大动物软组织采样切刀	ZL201420178030.7	张世栋	2014.8.13
34	一种用于细菌微量生化鉴定管的定量吸头	ZL201420141687.6	李新圃	2014.07.30
35	一种用于放置细菌微量生化鉴定管的活动管架	ZL201420202030.6	李新圃	2014.08.27
36	一种可更换刷头的电动试管刷	ZL201420266582.3	李宏胜	2014.09.17
37	一种便携式可拆式羊用保定架	ZL201420198238.5	李宏胜	2014.08.27
38	一种旋转型培养皿架	ZL201420205867.6	杨　峰	2014.0.03
39	一种用于液体类药物抑菌试验的培养皿	ZL201420029756.4	杨　峰	2014.07.09
40	一种用于冻干管抽真空的连接头	ZL201420183782.2	杨　峰	2014.08.27
41	一种用于细菌培养和保藏的琼脂斜面管	ZL201420186896.2	杨　峰	2014.08.27
42	一种用于药敏纸片的移动枪	ZL201420198240.2	杨　峰	2014.08.27
43	自动化牛羊营养舔块制造机具	ZL201420136651.9	王胜义	2014.07.30
44	微波消解防溅罩	ZL201420136558.8	王　慧	2014.07.30
45	奶牛用便携式药液防呛快速灌服器	ZL201420193643.8	王　磊	2014.09.10
46	用于兽医临床样品采集的多功能采样箱	ZL201420242428.2	王旭荣	2014.09
47	一种新型采集提取 DNA 的新鲜植物叶片样品的干燥袋	ZL201420092537.0	张　茜	2014.7.30
48	一种新型待提取 DNA 的植物干燥叶片样品的储藏盒	ZL201420092525.8	张　茜	2014.7.16
49	一种防水干燥型植物标本夹包	ZL201420115952.3	张　茜	2014.7.23
50	一种土壤样品采集存储盒	ZL201420110569.9	张　茜	2013.7.23
51	分子生物学实验操作盘	ZL201420150522.5	张　茜	2014.8.06
52	微波炉加热凝胶液体杯	ZL201420150622.8	张　茜	2014.8.06
53	一种鸡鸭胚液收集辅助器	ZL201420255228.0	贺洞杰	2014.9.17

（续表）

序号	专利名称	专利号	第一发明人	授权公告日
54	一种折叠式无菌细管架	ZL201420249843.0	贺洞杰	2014.9.10
55	一种伸缩式斜置试剂瓶架	ZL201420249827.1	贺洞杰	2014.9.10
56	一种自动固定式涡旋器	ZL201420251735.7	贺洞杰	2014.9.10
57	一种植物培养装置	ZL201420189764.5	王春梅	2014.8.20
58	测定须根系植物地上部分离子回运的方法的专用设备	ZL201420083518.1	王春梅	2014.8.06
59	一种羊毛中有色纤维鉴别装置	ZL201420104199.8	高雅琴	2014.08.13
60	一种牦牛屠宰保定装置	ZL201420083121.2	梁春年	2014.07.16
61	一种牧区野外饲草料晾晒和饲喂一体简易装置	ZL201420097858.x	梁春年	2014.09.03
62	一种牧区野外多功能活动式牛羊补饲围栏装置	ZL201420097857.5	梁春年	2014.09.03
63	一种嵌套式小容量采血管	ZL2014200989546	褚敏	2014.07.23
64	一种新型的开孔式微量冻存管	ZL2014201104569	褚敏	2014.07.23
65	一种可调式圆形切胶器	ZL2014200989160	褚敏	2014.07.23
66	一种新型可注入液氮式研磨器	ZL2013208395128	褚敏	2014.06.25
67	琼脂糖凝胶制胶器	ZL201420206301.5	裴杰	2014.08.27
68	一种新型动物组织采样器	ZL201420166093.0	裴杰	2014.08.27
69	一种X形羊用野外称重保定带	ZL201420129786.2	包鹏甲	2014.09.17
70	一种电泳凝胶转移及染色脱色装置	ZL201420239522.2	郭婷婷	2014.09.03
71	一种用于毛囊培养的装置	ZL21420164275.4	郭婷婷	2014.08.06
72	一种兽医用手套	ZL2014200972475	岳耀敬	2014.09.10
73	通风柜	ZL201420069576.9	熊琳	2014.8.20
74	一种毛绒样品清洗装置	ZL201420110292.x	郭天芬	2014.10.01
75	用于盛放及清洗羊毛样品的装置	ZL201420110293.4	郭天芬	2014.07.23
76	豚鼠专用注射固定器	ZL201420105314.3	周绪正	2014.08.10
77	一种兽用丸剂制成型模具	ZL201420212350.X	郝宝成	2014.04.29
78	分液漏斗支架装置	ZL201420221050.8	刘宇	2014.8.27
79	一种无菌操作台用容器支撑器	ZL201420174305.X	张景艳	2014.09.10
80	一种用于组织切片或涂片烘干装置	ZL201420204676.8	孔晓军	2014.10.15
81	一种毛、绒伸直长度测量板	ZL201420113746.9	牛春娥	2014.10.08
82	一种饲料混合粉碎机	ZL201420336602.X	张怀山	2014.10.15

（续表）

序号	专利名称	专利号	第一发明人	授权公告日
83	一种剪毛束装置	ZL201420336601.5	张怀山	2014.10.15
84	一种色谱仪进样瓶风干器	ZL201320836791.2	熊　琳	2014.08.27
85	一种可拆卸晾毛架	ZL201420042302.0	熊　琳	2014.09.10
86	一种预防动物疯草中毒制剂舔砖加工成型的模具	ZL201420230255.2	郝宝成	2014.05.04
87	一种用于安全运输菌株冻干管的保护管	ZL201420275462.X	王　玲	2014.10.29
88	一种用于存放研钵及研磨棒的搁置架	ZL201420171321.3	张　茜	2014.8.13
89	一种野外植物采样工具包	ZL201420139451.9	张　茜	2014.9.3
90	一种测草产量的称重袋	ZL201420115688.3	张　茜	2014.9.10
91	一种干燥防尘箱	ZL201420289919.2	张　茜	2014.10.15
92	一种 DNA 电泳检测前制样用板	ZL201420294971.7	张　茜	2014.11.26
93	一种伸缩型牧草株高测量尺	ZL201420115305.2	张　茜	2014.12.03
94	一种培养皿放置收纳箱	ZL201420284244.2	张　茜	2014.12.03
95	一种便携式洗根器	ZL201420141934.2	路　远	2014.11.26
96	一种容量瓶	ZL201420300283.7	朱新强	2014.11.26
97	一种试验用玻璃棒	ZL201420300379.3	朱新强	2014.12.1
98	涂布棒灼烧消毒固定工具	ZL201420231726.1	贺泂杰	2014.10.29
99	一种易拆装花盆	ZL201420268425.6	胡　宇	2014.10.15
100	一种固态发酵蛋白饲料的发酵盒	ZL201420256016.4	王晓力	2014.5.19
101	一种利于厌氧和好氧发酵转换的发酵袋	ZL201420255940.0	王晓力	2014.5.19
102	一种锥形瓶灭菌用的封口装置	ZL201420443935.2	王晓力	2014.10.22
103	一种对种子清洗消毒的装置	ZL201420190136.9	王春梅	2014.4.18
104	一种带刺植物种子采集器	ZL201420262213.7	王春梅	2014.5.23
105	一种定量稀释喷洒装置	ZL201420338783.X	王春梅	2014.6.24
106	一种培养皿消毒装置	ZL201420261113.2	王春梅	2014.5.21
107	一种试管架	ZL201420315525.X	罗永江	2014.11.05
108	一种配置牛床的犊牛岛	ZL201420370740.X	秦　哲	2014.11.12
109	一种用于微生物学实验的接种针	ZL201420292141.0	王旭荣	2014.11.05
110	一种耐高温高压的细菌冻干管贮运保护套	ZL201420045653.7	王旭荣	2014.07.23
111	一种病理玻片架	ZL201420174174.5	张景艳	2014.10.21

（续表）

序号	专利名称	专利号	第一发明人	授权公告日
112	母牛子宫内分泌物采集装置	ZL201420055292.4	张世栋	2014.10.22
113	一种用于冻干管批量清洗装置	ZL201420297285.5	李宏胜	2014.10.15
114	一种用于培养皿消毒和保藏的储存盒	ZL201420302266.7	李宏胜	2014.11.26
115	一种多功能试管收纳筐	ZL201420331452.3	李新圃	2014.06.20
116	一种用于 CO_2 培养箱的抽水装置	ZL201420160004.1	王 磊	2014.10.17
117	实验室用电动清洗刷	ZL201420207999.2	王贵波	2014.10.10
118	一种小鼠多功能夹式固定器	ZL201420391011.2	罗金印	2014.10.22
119	一种液氮罐用冻存管保存架	ZL201420247751.9	裴 杰	2014.10.31
120	一种农区、半农半牧区家庭化舍饲养牛牛舍	ZL201420129922.8	包鹏甲	2014.10.15
121	一种羊用野外称重保定装置	ZL201420110553.8	包鹏甲	2014.10.29
122	一种便携式保温采样瓶	ZL201420319874.9	包鹏甲	2014.10.29
123	简易真空干燥装置	ZL201420042430.5	熊 琳	2014.11.26
124	一种洗毛夹	ZL201320836844.0	熊 琳	2014.9.24
125	一种绵羊产羔栏	ZL201420164233.0	郭 健	2014.10.29
126	一种绵羊母子护理栏	ZL201420295132.7	郭 健	2014.10.15
127	绵羊人工授精设施	ZL201420293214.8	郭 健	2014.11.19
128	一种绵羊药浴设施	ZL201420382102.x	郭 健	2014.11.06
129	一种剪毛房	ZL201420098940.4	牛春娥	2014.11.5
130	一种用于菌株冻干的菌液收集管	ZL201420195648.4	杨 峰	2014.12.10
131	一种毛、绒手排长度试验板	ZL201420134724.0	牛春娥	2014.12.10
132	一种实验室用实验组合柜	ZL201420400159.8	秦 哲	2014.12.03
133	一种水蒸气蒸馏装置	ZL201420217534.5	刘 宇	2014.12.17
134	一种分段式柱体层析装置	ZL 201420370838.5	秦 哲	2014.12.08

（六）2014 年发表论文统计表

序号	论文名称	主要完成人	刊物名称	年	卷	期	页码	备注
1	High Incidence of Oxacillin-Susceptible mecA-Positive Staphylococcus aureus（OS MRSA）Associated with Bovine Mastitis in China	蒲万霞	plos one	2014	9	2	1~9	院选 SCI IF：3.73

（续表）

序号	论文名称	主要完成人	刊物名称	年	卷	期	页码	备注
2	Physiological insight into the high-altitude adaptations in domesticated yaks (*Bos grunniens*) along the Qinghai-Tibetan Plateau altitudinal gradient	丁学智	Livestock Science	2014	162	3	233~239	院选 SCI IF：1.249
3	Comparative Proteomic Analysis Shows an Elevation of Mdh1 Associated with Hepatotoxicity Induced by Copper Nanoparticle in Rats	董书伟	Journal of Integrative Agriculture	2014	13	5	1073~1081	院选 SCI IF：0.625
4	Efficacy of herbaltincture as treatment option for retained placenta in dairy cows	崔东安	Animal Reproduction Science	2014	145		23~28	院选 SCI IF：1.75
5	Assessment of the anti-diarrhea function of compound-Chinese herbal medicine cangpo oral liquid	夏鑫超	Afr J Tradit Complement Altern Med	2014	11	1	140~147	SCI IF：0.518
6	Leonurus japonicus Houtt.：Ethnopharmacology, phytochemistry and pharmacology of an important traditional Chinese medicine	尚小飞	Journal of Ethnopharmacology	2014		152	14	院选 SCI IF：3.014
7	The oxidative status and inflammatory level of the peripheral blood of rabbits infested with Psoroptes cuniculi	尚小飞	Parasites & Vectors	2014		7	124	SCI IF：3.25
8	The complete mitochondrial genome sequence of the Datong yak (*Bos grunniens*)	吴晓云 阎　萍	Mitochondrial DNA	2014				SCI IF：1.705
9	Identification of Differentially Expressed Genes in Yak Preimplantation Embryos Derived from in vitro Fertilization	郭　宪	Journal of Animal and Veterinary Advances	2014	13	4	197~202	SCI IF：0.365
10	Limitation of high-resolution melting curve analysis for genotyping simple sequence repeats in sheep	杨　敏 杨博辉	Genetic and Molecular Research	2014	13	2	2645~2653	SCI IF：0.994

（续表）

序号	论文名称	主要完成人	刊物名称	年	卷	期	页码	备注
11	Synthesis and In Vitro Anti-cancer Activity of Novel 2-（3-thioureido）carbonyl）phenyl Acetate Derivatives	熊 琳	Letters in Drug Design & Discovery	2014	11	10	132～137	SCI IF：0.845
12	The administration of Sheng Hua Tang immediately after delivery to reduce the incidence of retained placenta in Holstein dairy cows	崔东安	Theriogenology	2014	81		645～650	SCI IF：2.082
13	Chemical synthesis，docking studies and biological activities of novel pleuromutilin derivatives with substituted amino moiety	尚若锋	plos one	2013	8		1～10	院选 SCI IF：3.73
14	A Non-Biological Method for Screening Active Components against Influenza Virus from Traditional Chinese Medicine by Coupling a LC Column with Oseltamivir Molecularly Imprinted Polymers	杨亚军	PLoS ONE	2013	8	12	1～13	院选 SCI IF：3.73
15	Mooecular characterization of tow candidate genes associated with coat color in Tibetan sheep（Ovis arise）	韩吉龙 杨博辉	Journalof Integrative Agriculture	2014				院选 SCI IF：0.625
16	Extraction of Polysaccharides from *Saccharomyces cerevisiae* and its Immune Enhancement Activity	王 慧	International Journal of Pharmacology	2013	9	5	288～296	SCI IF：1.202
17	Crystal structure of 14-O-［（2-chloro-benz-amide-2-methylpropane-2-yl）thio-acetate］Mutilin，$C_{33}H_{46}ClNO_5S$	尚若锋	Z. Kristallogr. NCS.	2013	228		473～475	SCI IF：0.103
18	Crystal structure of 14-O-［（2-chloro-benz-amide-2-methylpropane-2-yl）thio-acetate］Mutilin，$C_{38}H_{61}NO_7S$	郭文柱	Z. Kristallogr. NCS.	2013	228		488～490	SCI IF0.103

（续表）

序号	论文名称	主要完成人	刊物名称	年	卷	期	页码	备注
19	Determination and pharma-cokinetic studies of areco-line in dog plasma by liquid chromatography - tandem mass spectrometry.	李 冰	Journal of Chro-matography B,	2014	969	20	12～18	SCI IF：2.694
20	In vitro and In vivo metabo-lism of aspirin eugenol ester in dog by liquid chromatog-raphy tandem mass spec-trometry.	沈友明 李剑勇	Biomedicinal Chromatography,	2014				SCI IF：1.662
21	Synthesis and Biological Activities of Novel Pleuro-mutilin Derivatives with a Substituted Thiadiazole Moiety as Potent Drug-Re-sistant Bacteria Inhibi-tors. J.	尚若锋	J. Med. Chem	2014	57		5 664～5 678	SCI IF：5.614
22	Extraction of ALKoloids from C. Komarovii AL II jin-ski	Alaa. H. sadoon 张继瑜	Journal of Animal and Veterinary Advance	2013	13	15	905～907	SCI IF：0.365
23	The low expression of Dm-rt7 is associated with sper-matogenic arrest in cattle-yak	阎 萍	Molecular biology reports	2014 Online		7		SCI IF：1.958
24	Characterization of the com-plete mitochondrial genome sequence of Gannan yak (Bos grunniens)	吴晓云	Mitochondrial DNA	2014 Online		7		SCI IF：1.701
25	A Monoclonal Antibody-Based Indirect Competitive Enzyme-Linked Immunosor-bent Assay for the Determi-nation of Olaquindox in An-imal Feed	王 磊 李建喜	Analytical Letters	2014	47		1 015～1 030	SCI IF：0.982
26	Evaluation of Bioaccumula-tion and Toxic Effects of Copper on Hepatocellular Structure in Mice.	王 慧	Biol Trace Elem Res	2014	159	1～3	312～319	SCI IF：1.608

（续表）

序号	论文名称	主要完成人	刊物名称	年	卷	期	页码	备注
27	Levels of Cu, Mn, Fe and Zn in Cow Serum and Cow Milk: Relationship with Trace Elements Contents and Chemical Composition in Milk.	王 慧	Acta Scientiae Veterinariae	2014	42		1 190	SCI IF: 0.154
28	Acaricidal activity of usnic acid and sodium usnic acid against Psoroptes cuniculi in vitro	尚小飞	Parasitol Res	2014	113	6	2 387~2 390	SCI IF: 2.327
29	Characterization of a Functionally Active Recombinant 1-deoxy-D-xylulose-5-phosphate synthase from Babesia bovis	王 婧 张继瑜	The Journal of Veterinary Medical Science	2014	40	4	1~19	SCI IF: 0.875
30	Analysis of geographic and pairwise distances among sheep populations	刘建斌	Genetics and Molecular Research	2014	13	2	4 177~4 186	SCI IF: 0.85
31	Synthesis, Antibacterial Evaluation and Molecular Docking Study of Nitazoxanide Analogues	刘希望	Asian J. Chem.	2014	26	10	2 921~2 926	SCI IF: 0.355
32	Synthesis and Biological Evaluation of New Pleuromutilin Derivatives as Antibacterial Agents	尚若锋	Molecules	2014		19	19 050~19 065	SCI IF: 2.095
33	The totalalkaloidsof Aconitum tanguticum protectagainst lipopolysaccharide-inducedacute	吴国泰 梁剑平	Journal of Ethnopharmacology	2014			1 483~1 491	SCI IF: 2.99
34	The complete sequence of mitochondrial genome of polled yak	褚 敏 阎 萍	Mitochondrial DNA	2014		10		SCI IF: 1.701
35	Carcass and meat quality characteristics of Oula lambs in China	刘建斌	Small Ruminant Research	2014		10		SCI IF: 1.099
36	啤特果多糖分离纯化及抗氧化活性研究	王晓力	现代食品科技	2014	30	7	179~186	EI
37	苦马豆素抗牛病毒性腹泻病毒的研究	郝宝成	中国农业科学	2014	47	1	170~181	院选核心

（续表）

序号	论文名称	主要完成人	刊物名称	年	卷	期	页码	备注
38	甘南牦牛 GDF-10 基因多态与生产性状的相关性分析	李天科 阎 萍	中国农业科学	2014	47	1	161～169	院选核心
39	褪黑素受体在发情季节牦牛生殖内分泌器官中的表达研究	霍生东 阎 萍	中国兽医科学	2013	43	6	612～616	院选核心
40	牛巴贝斯虫 DXR 基因的克隆和真核表达	王 婧 张继瑜	中国农业科学	2014	47	6	1 235～1 242	院选核心
41	鸽源新城疫病毒焞基因的克隆与原核表达	贺洞杰	中国兽医科学		44	7	742～746	院选核心
42	响应面法对啤酒酵母菌制剂培养条件的优化	李春慧 蒲万霞	中国兽医科学	2014	44	10	1 095～1 110	院选核心
43	基于 web of science 数据库的全球"奶牛"研究论文的产出分析	王孝武 李建喜	中国畜牧杂志	2014	8		26～32	
44	基于超声萃取-超声辅助柱前衍生高效液相色谱法毛织物中甲醛含量的测定	熊 琳	纺织学报	2014	35	4	66～70	
45	富锌酵母菌发酵液体外抗氧化作用	刘洋洋 程富胜	中国兽医学报	2014		5	776～780	
46	高山美利奴羊新品种种质特性初步研究	岳耀敬	中国畜牧杂志	2014	50	21	16～18	
47	速康解毒口服液在试验大鼠体内药代动力学研究	权晓弟 郝宝成	中国畜牧兽医	2014	41	2	129～134	
48	活化卵白蛋白对断奶仔猪结肠内 SCFA 的影响	李春慧 蒲万霞	浙江农业学报	2014	26	2	297～302	
49	兰州地区部分奶牛场子宫内膜炎病原菌分离鉴定及抗生素耐药性研究	李宏胜	中国畜牧兽医	2014	41	1	222～225	
50	苍朴口服液的药效学实验研究	王海军 刘永明	中国实验方剂学杂志	2014	20	8	190～193	
51	止咳平喘颗粒的质量标准研究	程 龙 罗永江	中国畜牧兽医	2014	41	1	141～145	
52	施硅对紫花苜蓿不同部位硅含量的影响	田福平	干旱区资源与环境	2014	28	2	93～97	
53	苜蓿新品种（系）的抗旱性综合评价	田福平	江苏农业科学	2014	42	1	160～163，217	
54	中型狼尾草幼苗对 PEG、低温和盐胁迫的生理应答	张怀山	草业学报	2014	23	2	180～188	

（续表）

序号	论文名称	主要完成人	刊物名称	年	卷	期	页码	备注
55	中型狼尾草种质资源遗传多样性的 ISSR 分析	张怀山	西北植物学报	2014	34	2	256～264	
56	有机废弃物菌糠和醋糟对次生盐渍化土壤修复效果研究	代立兰 张怀山	干旱地区农业研究	2014	32	1	218～222	
57	欧拉型藏羊羔羊肌肉 UCP3 基因表达的研究	王宏博	黑龙江畜牧兽医	2014		2	8～12	
58	陶赛特、波德代与甘肃本地绵羊杂交群体生长发育比较研究	孙晓萍	畜牧与兽医	2014	46	1	42～46	
59	锚体抗原高滩羊繁殖率的研究	冯瑞林	安徽农业科学	2014	41		13 262～13 263	
60	塞拉菌素溶液临床药效试验报告	周绪正	中国兽医杂志	2014	50	1	79～82	
61	活化卵白蛋白对早期断奶仔猪盲肠内 VFA 含量的影响	李春慧 蒲万霞	河南农业科学	2013	42	11	136～140	
62	伊维菌素纳米乳对牛的安全性研究	刘 磊 张继瑜	广东农业科学	2013	41	2	125～127	
63	乳牛隐性乳房炎诊断液的凝乳反应及机理研究	李新圃	黑龙江畜牧兽医	2013		12 上	135～138	
64	"杂选 1 号"紫花苜蓿新品系区域试验研究	田福平	中国农学通报	2013	29	29	14～21	
65	耐旱丰产紫花苜蓿"杂选 1 号"新品系的选育及栽培技术	田福平	江苏农业科学	2013	41	10	92～93，175	
66	陶赛特、波得代与滩羊杂种二、三代羔羊生长发育研究	孙晓萍	黑龙江畜牧兽医	2013	12 上		73～74	
67	藏羊 VEGF－A 基因编码区多态性及生物信息学分析	王朝凤 杨博辉	华北农学报	2013	28	6	53～58	
68	HIF－1a 基因 G901A 多态性与高海拔低氧适应的相关性	杨 敏 杨博辉	华北农学报	2013	28	6	111～114	
69	甘肃省某牛场奶牛子宫内膜炎病原菌的分离鉴定及其耐药性分析	王孝武 李建喜	西北农业学报	2014	6		16～21	

（续表）

序号	论文名称	主要完成人	刊物名称	年	卷	期	页码	备注
70	基于 CNKI 数据库的奶牛子宫内膜炎文献计量学分析	王孝武 李建喜	黑龙江畜牧兽医	2014	6		223~225	
71	Ⅰa 型牛源无乳链球菌 LZQ07006 分离株 BibA 基因片段的分子特征分析	常瑞祥 李建喜	中国畜牧兽医	2014	41	5	34~38	
72	种子液传代次数对益生菌 FGM 株发酵黄芪转化多糖的影响研究	尚利明 李建喜	中国畜牧兽医	2014	41	6	136~139	
73	紫外分光光度法对催情助孕液中总黄酮含量的测定	王东升	湖北农业科学	2014	53	7	1 660~1 662	
74	大肠杆菌感染对猪血液生化指标的影响	王东升	江苏农业科学	2015	42	4	172~174	
75	HPLC 法同时测定牛羊肉中 4 种雌激素的残留量	李维红	黑龙江畜牧兽医	2014	06 上	455	207~209	
76	天祝白牦牛裙毛、尾毛与人发的结构及性能比较	牛春娥	毛纺科技	2014		7	44~47	
77	绵羊生殖激素及其在非繁殖季节的应用	孙晓萍	安徽农业科学	2013	35		13 584~13 586	
78	FASN 基因与牦牛肌肉脂肪酸组成的相关性研究	秦 文	华北农学报	2014	29	3	159~163	
79	藏羊 EPO 基因遗传多样性与高原低氧适应性	包鹏甲	江苏农业学报	2014	30	3	581~585	
80	牦牛乳及乳产品的研究与开发利用	郭 宪	安徽农业科学	2014	42	19	6 256~6 257	
81	高山离子芥 CbCBF1 基因耐盐性功能的初步研究	贺泂杰	安徽农业科学		42	14	4 175~4 178	
82	板黄口服液对副嗜血杆菌的体外抑菌活性试验	魏小娟	黑龙江畜牧兽医	2013		12 下	103~104	
83	甘肃省肉牛产业发展现状与解析	周绪正	中国草食动物科学	2014	34	4	69~72	
84	丹翘灌注液中连翘苷的含量测定	苗小楼	中兽医医药杂志	2013		6	45~46	
85	新型复方氟苯尼考注射液中氟尼辛甲胺含量测定方法研究	程培培 李剑勇	河南农业科学	2014		3	142~146	
86	新型复方氟苯尼考注射液的安全评价	程培培 李剑勇	江苏农业科学	2014		1	174~176	
87	中草药复方注射剂治疗仔猪腹泻的试验研究	贺泂杰	安徽农业科学	2014	42	22	7435	

（续表）

序号	论文名称	主要完成人	刊物名称	年	卷	期	页码	备注
88	航苜1号紫花苜蓿多叶性状遗传特性及分子标记检测	杨红善	中国草地学报	2014	36	5	46~50	
89	福氏志贺菌2型多重PCR检测方法的建立	朱 阵 张继瑜	中国畜牧兽医	2014	41	8	34~38	
90	板黄口服液对牛支原体的敏感性试验	魏小娟	黑龙江畜牧兽医	2014	8	460	101~102	
91	新型复方氟苯尼考注射液中氟苯尼考HPLC测定方法的建立	程培培 李剑勇	动物医学进展	2014		3	52~56	
92	甘南牦牛繁育技术体系的建立与优化	郭 宪	黑龙江畜牧兽医	2014		7上	176~178	
93	绵山羊双高素提高辽宁绒山羊繁殖率的研究	冯瑞林	安徽农业科学	2014	42	23	7 782~7 784	
94	不同产羔季节细毛羊生产性能比较分析	孙晓萍	安徽农业科学	2014	42	27	9 359~9 360	
95	衍生化技术在色谱法检测有机农药残留中的应用	熊 琳	湖北农业科学	2014	53	16	3 725~3 730	
96	夏季放牧补饲对欧拉型藏羊羔羊育肥效果的研究	王宏博	安徽农业科学	2014	42	25	8 619~8 622, 8 624	
97	三种兽用中药注射液后海穴注射治疗仔猪黄痢的效果	谢家声	中兽医医药杂志	2014		4	48~49	
98	复合微量元素营养舔砖对藏羊血清抗氧化能力和免疫功能的影响	王 慧	中国草食动物科学	2014	34	4	42~45	
99	肉牛微量元素舔砖对肉牛微量元素水平和抗氧化能力的影响	王胜义	中兽医医药杂志	2014	33	4	14~16	
100	肉牛微量元素舔砖对肉牛生长性能和相关激素水平的影响	王胜义	中国草食动物科学	2014	34	5	32~34	
101	基于CNKI数据库的无乳链球菌文献计量与研究趋势分析	王旭荣	中兽医医药杂志	2014		5	56~58	
102	酒糟营养成分检测及其酶水解研究	王晓力	中国草食动物科学	2014	34	1	28~30	
103	苜蓿组织培养中一种安全快捷的种子灭菌法	王春梅	中国草食动物科学	2014	34	5	38~39, 48	

（续表）

序号	论文名称	主要完成人	刊物名称	年	卷	期	页码	备注
104	脱颖处理对禾本科牧草种子萌发的影响	王春梅	中国草食动物科学	2014	34	4	46~49, 52	
105	黄花补血草醇提物对小鼠急性毒性试验	刘宇	中兽医医药杂志	2014			58~60	
106	无角陶赛特与小尾寒羊级进杂交效果分析	孙晓萍	中国草食动物科学	2014	34	5	12~15	
107	治疗仔猪黄白痢中兽药临床处方筛选	夏鑫超 刘永明	黑龙江畜牧兽医	2014		4	84~87	
108	丹参酮灌注液质量标准研究	卢超 梁剑平	江苏农业科学	2014	42	7	231~233	
109	丹参酮灌注液制备工艺	卢超 梁剑平	江苏农业科学	2014	42	10	200~203	
110	贯叶金丝桃散的质量标准研究	张超 梁剑平	动物医学进展	2014	35	10	34~37	
111	牛巴贝斯虫lytb基因的克隆与序列分析	刘翠翠 张继瑜	黑龙江畜牧兽医	2014		11	131~133	
112	中药常山中常山碱超声提取工艺研究	郭志廷	动物医学进展	2014	35	11	53~55	
113	高压蒸汽提取啤酒废酵母还原型谷胱甘肽的工艺优化	王晓力	食品工业科技	2014	35	15	224~229	
114	抑制素A亚基三级结构与其他TGF-β配体的比较	岳耀敬	江苏农业科学	2014	42	10	32~36	
115	板黄口服液在靶动物鸡中的安全性研究	王永彬 张继瑜	中国畜牧兽医	2014	41	9	126~131	
116	志贺菌耐药性与非编码RNA的关系研究	刘翠翠 张继瑜	微生物学杂志	2014	34	5	75~80	
117	复合营养舔砖对奶牛血清中微量元素水平的影响	王慧	动物医学进展	2014	35	11	62~65	
118	慢呼宁口服液对人工感染鸡慢性呼吸道病的治疗试验研究	王贵波	中国畜牧兽医	2014	41	10	261~265	
119	分光光度法测定金黄色葡萄球菌菌液浓度方法的建立	肖敏 李宏胜	动物医学进展	2014	35	11	40~143	
120	金根芩连散的质量标准研究	任丽花	中国畜牧兽医	2014	41	8	169	
121	禽流感的诊断与防治	任丽花	黑龙江畜牧兽医	2014		10上	46	

（续表）

序号	论文名称	主要完成人	刊物名称	年	卷	期	页码	备注
122	止咳平喘颗粒的祛痰、镇咳及平喘作用研究	程 龙	中国畜牧兽医	2014	41	5	208	
123	牦牛 Agouti 基因的克隆及编码区多态性研究	张建一 阎 萍	华北农学报	2014	29	5	59～65	
124	南德温杂交肉牛 GDF－10 基因多态性及其与生产性状的关联分析	郭 宪	中国畜牧兽医	2014	41	12		
125	绒毛生理特性的研究	张良斌 阎 萍	黑龙江畜牧兽医	2014		11上	73～75	
126	夏季放牧补饲对欧拉型藏羊羔羊育肥效果的研究	王宏博	安徽农业科学	2014				
127	绵山羊双羔素提高中国美利奴羊产羔率的研究	冯瑞林等	安徽农业科学	2014	42	29	10 168～10 170	
128	绵山羊双羔素在甘肃绵羊上的应用效果分析	冯瑞林等	黑龙江畜牧兽医	2014		11上	99～101	
129	中型狼尾草种质资源表型性状的多样性	张怀山	西北农业学报	2014		12	97～105	
130	盐渍土区4个中型狼尾草的大田生产性能评价比较	张怀山	草业科学	2014	31	12	2 277～2 285	
131	不同盐类对牦牛肉嫩化效果的影响研究	杨 敏	食品工业科技	2014	35	8	290～294	
132	魏氏梭菌感染致警犬猝死的病例分析	周 磊	中兽医医药杂志	2014		6	63～64	
133	中药常山和赝品功劳木的鉴别	郭志廷	中兽医医药杂志	2014		2	17～18	
134	甘南亚高山草原牧草产量及其营养成分变化研究	朱新书	中国草食动物科学	2014		6		
135	甘肃省苜蓿种植现状及成本收益分析	朱新强	中国草食动物科学	2014	34	4	63～67	
136	奶牛子宫内膜组织抗菌肽分离纯化及其抗菌活性研究	王东升	中兽医医药杂志	2014		6	24～27	
137	金石翁芍散对仔猪大肠杆菌病治疗试验	李锦宇	中兽医医药杂志	2014		6	57～59	
138	牦牛 FASN 基因多态性及其与肉质性状的相关性研究	褚 敏	中国草食动物科学	2014	34	1	17～20	
139	酒糟营养成分检测及其酶水解研究	王晓力	中国草食动物科学	2014	34	1	28～31	
140	中药常山和赝品功劳木的鉴别	郭志廷	中兽医医药杂志	2014		1	33～35	

（七）出版著作

序号	论著名	主编	出版单位	年份	字数（万字）
1	现代畜牧业高效养殖技术	王晓力	甘肃科学技术出版社	2013	60
2	中兽药学	梁剑平	军事医学科学出版社	2014	65
3	生物学理论与生物技术研究	王晓力	中国水利水电出版社	2014	41.3
4	藏羊养殖与加工	郎侠	中国农业科学技术出版社	2014	35
5	第五届国际牦牛大会论文集	阎萍	中国农业科学技术出版社	2014	84
6	包虫病（虫癌）防治技术指南	张继瑜	甘肃科学技术出版社	2014	21
7	动物营养与饲料加工技术研究	王晓力	东北师范大学出版社	2014	40.7
8	动物毛皮质量鉴定技术	高雅琴 王宏博	中国农业科学技术出版社	2014	50
9	适度规模肉牛场高效生产技术	阎萍 郭宪	中国农业科学技术出版社	2014	25
10	藏獒饲养管理与疾病防治	郭宪	金盾出版社	2014	26.8
11	牦牛养殖实用技术手册	梁春年 阎萍	中国农业出版社	2014	21
12	农牧期刊编辑实用手册	魏云霞 阎萍	甘肃科学技术出版社	2014	50
13	优质羊毛生产技术	郭健	甘肃科学技术出版社	2014	22
14	羊繁殖与双羔免疫技术	冯瑞林	甘肃科学技术出版社	2014	31
15	适度规模肉羊场高效生产技术	杨博辉	中国农业科学技术出版社	2014	30
16	中兽医药国际培训教材	郑继方 杨志强 王学智	中国农业科学技术出版社	2014	50
17	2012 年度科技论文集	杨志强 张继瑜	中国农业科学技术出版社	2014	50
18	第三届中青年科技论文暨盛彤笙杯演讲比赛论文集	张继瑜 王学智 董鹏程	中国农业科学技术出版社	2014	50
19	天然药物植物有效成分提取分离与纯化技术	梁剑平 刘宇 郝宝成	吉林大学出版社	2014	28.7

五、科研项目申请书、建议书题录

序号	项目类别	项目名称	申报人
1	省科技重大专项计划	牛羊微量元素代谢病防控关键技术研究与集成示范	刘永明
2	农业科技成果转化资金计划	新兽药"益蒲灌注液"的示范与推广	苗小楼

（续表）

序号	项目类别	项目名称	申报人
3		甘南藏绵羊生产性能及其高效优质肉羊生产方式研究	郎　侠
4		优质高产抗逆狼尾草新品种选育	张怀山
5		牦牛繁殖调控及综合应用技术研究与示范	郭　宪
6		马铃薯加工回收蛋白饲料用高值化研究	王晓力
7	省科技支撑	防治仔猪腹泻藏兽药制剂的研制与应用	潘　虎
8	计划－农业类	奶牛子宫内膜炎综合防控技术的示范与推广	严作廷
9		定西肉牛规模化养殖废弃物处理关键技术研究与示范	丁学智
10		天祝白牦牛毛绒纤维品质改良技术研究与示范	梁春年
11		预防奶牛乳房炎和子宫内膜炎多联苗的研制及应用	李宏胜
12		治疗奶牛子宫内膜炎中药"丹翘灌注液"的研制	王东升
13		抗奶牛乳房炎耐药菌特异性复合卵黄抗体制剂的示范集成	王　玲
14	省科技支撑 计划－社发类	黄花补血草免疫活性成分及其制剂的研究	刘　宇
15	省自然科学 基金	青藏高原藏羊 EPAS1 基因低氧适应性遗传机理研究	刘建斌
16		牛羊肉中 4 种雌激素残留检测技术的研究	李维红
17		黄花矾松抗逆基因的筛选及功能的初步研究	贺洞杰
18		N－乙酰半胱氨酸对奶牛乳房炎无乳链球菌红霉素敏感性的调节作用	杨　峰
19		牛羊肉中莱克多巴胺与克伦特罗等 β－激动剂类兽药残留的辐照降解机理研究	熊　琳
20		苦马豆素抗牛病毒性腹泻病毒作用机理研究	郝宝成
21		紫花苜蓿航天诱变材料遗传变异研究	杨红善
22		基于代谢组学方法的黄白双花口服液治疗湿热型犊牛腹泻的作用机制研究	王胜义
23		基于差异蛋白质组学的藏药蓝花侧金盏杀螨作用机理研究	尚小飞
24	省青年科技 基金计划	针刺镇痛对犬脑内 Jun 蛋白表达的影响研究	王贵波
25		牦牛 LF 的蛋白质构架与抗菌功能研究	裴　杰
26		SAA 与 HP 在奶牛子宫内膜细胞炎性反应中的表达与意义	张世栋
27		基于厌氧生物靶点蛋白 PFOR 酶的化合物设计、合成及活性研究	刘希望
28		基于代谢组学技术的阿司匹林丁香酚酯降血脂作用机理研究	杨亚军
29		牦牛适应高原低氧环境的线粒体蛋白质组学研究	包鹏甲
30		发酵黄芪多糖菌株 C8GF20 的诱变及 galE 和 dexB 基因的克隆与表达	张景艳
31		基于蛋白质组学筛选奶牛蹄叶炎的差异蛋白	董书伟
32		转化双价离子区域化功能基因改良早熟禾抗逆性的研究	王春梅

（续表）

序号	项目类别	项目名称	申报人
33	院重大命题建议	兽药创制与功能调控利用	张继瑜
34		高寒低氧胁迫下牦牛基因组内大片段获得与缺失变异挖掘及功能分析	丁学智
35		重离子辐照筛选截短侧耳素正突变株及对其代谢功能影响的研究	梁剑平
36	面上项目	基于 Azamulin 结构的截短侧耳素类化合物的设计、合成及其生物活性研究	尚若锋
37		河西走廊不同放牧强度荒漠化草原土–草–畜生态系统氮素分布规律研究	周学辉
38		旱生沙拐枣功能基因的适应性研究	张　茜
39		发酵黄芪多糖基于树突状细胞 TLR 信号通路的肠黏膜免疫增强作用机制研究	李建喜
40		牦牛乳铁蛋白的构架与抗革菌机理研究	裴　杰
41		基于单细胞测序研究非编码 RNA 调控绵羊次级毛囊发生的分子机制	岳耀敬
42		阿司匹林丁香酚酯的降血脂调控机理研究	杨亚军
43		常山碱抗鸡柔嫩艾美耳球虫第二代裂殖子入侵作用机制	郭志廷
44		苦马豆素抗牛病毒性腹泻作用机理研究	郝宝成
45		紫花苜蓿航天诱变后代突变体遗传特性研究	杨红善
46	青年基金	青藏高原高寒草甸生殖物候与繁殖策略研究	杨　晓
47		基于免疫蛋白组学筛选奶牛乳房炎Ⅰa 型和Ⅱ型无乳链球菌的免疫原性蛋白	王旭荣
48		酵母葡聚糖对 Caco–2 细胞 P–糖蛋白功能和表达的影响及差异蛋白组学研究	王　慧
49		基于定点突变的抗喹乙醇单链抗体改造与体外表达	张景艳
50		基于代谢组学方法的湿热型犊牛腹泻中兽医证候本质研究	王胜义
51		白虎汤干预下家兔气分证证候相关蛋白互作机制	张世栋
52		SIgA 在产后奶牛子宫抗感染免疫中的作用机制研究	王东升
53	国际合作项目	青藏高原牦牛与黄牛瘤胃甲烷排放差异的比较宏基因组学研究	丁学智
54		我国牦牛种质资源数据长期联网监测与预警	阎　萍
55		黄土高原生态环境对畜牧业发展的基础数据监测研究	董鹏程
56	农业科技基础性长期性数据监测项目建议	我国传统中兽医及主要民族兽医资源保护及利用数据监测	李建喜
57		我国细毛羊、绒山羊和牦牛经济性状长期监测与预警	高雅琴
58		我国兽药使用对药效、卫生、食品、环境影响监测	李剑勇
59		我国草地生态环境与生物多样性的长期监测与预警	时永杰
60		我国西北地区羊种质资源数据监测	杨博辉

（续表）

序号	项目类别	项目名称	申报人
61		牦牛良种选育及创新利用关键技术集成与示范	阎　萍
62		兽用中药复方新制剂生产关键技术研究与应用	李建喜
63		新型兽用高效安全抗感染药物的研制与产业化	李剑勇
64		动物重大寄生虫病药物防控技术研究与应用	张继瑜
65		奶牛规模化养殖过程关键技术研究与应用	严作廷
66	公益性（农业）行业科研专项建议	新型兽用天然药物的研制及产业化	梁剑平
67		青藏高原人工草地建植及优化利用技术研究与示范	时永杰
68		牛羊养殖过程风险因子评估及管控措施研究	高雅琴
69		藏羊种质资源深度挖掘与创新利用	杨博辉
70		青藏高原黄河上游区草地生态保护与可持续发展研究与示范	时永杰
71		西藏优质草种抗非生物逆境的生物学基础研究	时永杰
72		奶牛重大疾病免疫防控技术研究	李宏胜
73		高寒牧区高品质干草调制专用添加剂及关键技术的引进与示范	阎　萍
74	948 项目建议	澳大利亚牧羊犬及其繁育训养技术引进	杨博辉
75		奶牛子宫内膜炎诊断技术与发病机理研究	严作廷
76		奶牛乳房炎无乳链球菌血清型分型技术及糖蛋白疫苗研究	李宏胜
77		防治仔猪腹泻纯中药"止泻散"的研制与应用	潘　虎
78		新兽药"益蒲灌注液"的产业化和应用推广（药厂）	苗小楼
79	兰州市科技发展计划	新兽药"干奶安"的产业化开发研究	李宏胜
80		畜禽呼吸道疾病防治新兽药"板黄口服液"的中试及产业化（药厂）	陈化琦
81		马铃薯加工回收蛋白饲料用高值化与关键技术示范研究	王晓力
82	国家科技支撑计划	高原肉牛种质资源培育与创新利用	阎　萍
83	省发改委项目	兽药阿司匹林丁香酚酯的生产关键技术研究	李剑勇
84	科技部创新人才推进计划	李剑勇中青年科技创新领军人才	李剑勇
85		李建喜中青年科技创新领军人才	李建喜
86	国家工程技术研究中心	国家中兽药工程技术研究中心	李建喜

（续表）

序号	项目类别	项目名称	申报人
87		藏系绵羊社区高效养殖关键技术集成与示范	王宏博
88	甘肃省农业科技创新项目	节水型草坪草新品种"海波草地早熟禾"在城市生态建设中的示范推广	周学辉
89		"金英散"研制与示范应用	苗小楼
90		防治鸡病毒性呼吸道感染中兽药的研究及应用开发	王贵波
91		藏羊低氧适应 microRNA 鉴定及相关靶点创新利用研究	刘建斌
92	甘肃省农业生物技术研究与应用开发项目	分子标记在多叶型紫花苜蓿研究中的应用	杨红善
93		抗寒紫花苜蓿新品种的基因工程育种及应用	贺洞杰
94		甘肃省隐藏性耐甲氧西林金黄色葡萄球菌分子流行病学研究	蒲万霞
95		牦牛瘤胃液有益微生物菌种的选育与及中药发酵	张景艳
96		牦牛健康养殖技术规范	郭　宪
97	甘肃省地方标准	陇东黑山羊	王宏博
98		动物源性食品中4种新型 β – 受体激动剂药物 残留的测定 液相色谱 – 串联质谱法	熊　琳
99	农牧渔业新品种技术引进与推广	大通牦牛新品种引进与示范推广	高雅琴
100		牦牛人工授精技术规程	阎　萍
101		牦牛冷冻精液生产技术规程	阎　萍
102		畜禽品种（配套系）　牛　青海高原牦牛	阎　萍
103		畜禽品种（配套系）　牛　帕里牦牛	郭　宪
104		无公害畜产品　牦牛生产技术规程	郭　宪
105		牦牛育种档案管理技术规范	郭　宪
106		有机畜产品　牦牛肉检测	梁春年
107	农业行业标准项目建议	牦牛乳碱性磷酸酶的检测方法	梁春年
108		河曲马	梁春年
109		牦牛发情鉴定技术规范	梁春年
110		奶牛乳房炎乳汁细菌的分离鉴定程序	李宏胜
111		畜禽养殖场排放污水中有害物质限量	郭天芬
112		羊毛纤维卷曲性能试验方法	郭天芬
113		羊毛水萃取液 pH 值的测定方法	郭天芬
114		含脂毛　有机氯类药物残留的测定　气相色谱法	郭天芬

序号	项目类别	项目名称	申报人
115		生鲜乳及制品中重组牛生长激素（rBST）的残留测定（液相色谱－串联质谱法）	王　玲
116		奶牛隐性乳房炎早期诊断技术——牛乳 NAGase 活度的检测	王　玲
117		牛肉宰后视觉检验规程	高雅琴
118		羊品种分类方法	杨博辉
119		羊品种濒危等级划分方法	杨博辉
120		畜禽品种（配套系）羊　贵德黑裘皮羊	杨博辉
121		畜禽品种（配套系）羊　兰州大尾羊	杨博辉
122		畜禽肉中铬的测定　原子吸收法	牛春娥
123		畜禽肉中汞的测定　原子荧光法	牛春娥
124		畜禽肉中铅的测定　原子荧光法	牛春娥
125	农业行业标准项目建议	畜禽肉中砷的测定　原子荧光法	牛春娥
126		畜禽肉中镉的测定　原子荧光法	牛春娥
127		动物纤维组织结构测定技术规范	牛春娥
128		动物源性食品中 8 种新型 β－受体激动剂药物残留的测定　液相色谱－串联质谱法	熊　琳
129		乳品中双酚 A 残留量的测定　液相色谱－串联质谱法	熊　琳
130		动物源性食品中氯烯雌醚残留量的测定　液相色谱－串联质谱法	熊　琳
131		动物源性食品中咪唑脲苯残留量的测定　液相色谱－串联质谱法	熊　琳
132		牛奶中利福昔明残留量的测定　液相色谱－串联质谱法	熊　琳
133		乳品中赛拉嗪残留量的测定　液相色谱－串联质谱法	熊　琳
134		乳品中氟苯尼考及其主要代谢物残留量的测定　液相色谱－串联质谱法	熊　琳
135		动物源性食品中阿奇霉素残留量的测定　液相色谱－串联质谱法	熊　琳
136		畜禽及水产动物细菌性病原和耐药性监测分析	张继瑜
137	2015 农业部科研任务（专项）申报	畜禽动物病原、血清、细胞和化合物收集建设与存储	李剑勇
138		重点畜禽营养代谢与中毒病变化监测分析	李建喜
139		种牛核心群建设和育种与繁殖	阎　萍
140		种羊核心群建设和育种与繁殖	杨博辉

（续表）

序号	项目类别	项目名称	申报人
141		畜禽区域病原学长期定位调查监测与研究	李宏胜
142		草地土壤性状、肥力、地下水、生物群落变动规律与监测分析	时永杰
143		中国乡土草种资源收集鉴定评价	田福平
144		种羊核心群建设和育种与繁殖	高雅琴
145	2015 农业部科研任务（专项）申报	重点畜禽营养代谢与中毒病变化监测分析	严作廷
146		畜禽区域病原学长期定位调查监测与研究	李建喜
147		畜禽养殖结构和养殖方式变化检测	郭　宪
148		种牛核心群建设和育种与繁殖	梁春年
149		畜禽养殖结构和养殖方式变化检测	牛春娥
150		动物屠宰和产品风险监测分析	高雅琴
151		饲用植物资源精准鉴定与种质创新	罗超应
152		新疆南疆四州农业副产品饲料资源开发利用技术	王晓力
153	兰州市创新人才项目	丹参酮灌注液新兽药报批及工业化	梁剑平
154		防治仔猪腹泻纯中药"止泻散"的研制与应用	潘　虎
155	国家科技支撑计划	新丝路经济带少数民族地区畜产品优质安全技术与品牌创新模式研究	杨博辉
156	农业科技成果转化资金项目	抗病毒中兽药"金丝桃素"新制剂中试生产及其推广应用研究	梁剑平
157		抗菌、抗病毒中兽药的研制	梁剑平
158		乳源病原菌耐药性监测及主要病原菌隐藏性耐药机制研究	蒲万霞
159		兽用抗感染药物及代谢物的标准物质库与网络共享系统建立	李剑勇
160		中兽药开发与应用的复杂性科学战略研究	罗超应
161	"十三五"农业科技发展重大需求建议	畜禽营养代谢病与中毒病变化监测研究	严作廷
162		我国传统民族兽医药资源及利用现状调查	李建喜
163		奶牛重大疾病免疫防控技术研究	李宏胜
164		传统藏兽医药资源的抢救、整理和保护	尚小飞
165		青藏高原草地环境及畜产品安全风险防控研究	高雅琴
166		肉类品质鉴别技术研究及系列图册编撰	高雅琴
167		超细毛羊繁育及相关技术研究应用	郭　健
168		青藏高原肉牛种质资源培育与创新利用	郭　宪

（续表）

序号	项目类别	项目名称	申报人
169	"十三五"农业科技发展重大需求建议	牦牛重要性状功能基因挖掘及分子改良技术创新研究	梁春年
170		牦牛良种选育及创新利用关键技术集成与示范	阎　萍
171		西藏优质草种抗非生物逆境的生物学基础研究	时永杰
172		青藏高原人工草地建植及优化利用技术	时永杰
173		黄河上游区青藏高原草地生态保护与可持续发展研究示范	时永杰
174	农业行业标准制定和修订（农产品质量安全）项目申报书	青贮裹包饲料加工技术操作规程	王晓力
175		糟渣类副产物发酵饲料	王晓力
176		饲料用糟渣类副产物	王晓力
177		《动物性食品中磺胺类药物多残留的测定——高效液相色谱法》标准制定	梁剑平
178		河曲马	梁春年
179		牛羊产品质量安全风险评估	高雅琴
180	948项目申报	反义肽核酸（asPNA）技术的引进与其降低金黄色葡萄球菌耐药性的应用	蒲万霞
181		南非肉用美利奴羊和布鲁拉美利奴羊冷冻胚胎引进	杨博辉

六、研究生培养

序号	导师姓名	专业	2014 年招生情况			2014 年毕业情况		
			学生姓名	所在学校	类别	学生姓名	所在学校	类别
1	杨志强	基础兽医学	朱永刚	中国农业科学院	硕士	崔东安	中国农业科学院	博士
			邹　璐	甘肃农业大学	硕士	ALI	中国农业科学院	博士
			杨　盟	中国农业科学院	博士	常瑞祥	中国农业科学院	硕士
2	张继瑜	基础兽医学	张吉丽	中国农业科学院	硕士	刘翠翠	中国农业科学院	硕士
			王嗣涵	甘肃农业大学	硕士	刘　磊	甘肃农业大学	硕士
						王　婧	中国农业科学院	博士
						ALAA	中国农业科学院	博士
3	刘永明	临床兽医学	妥　鑫	中国农业科学院	硕士	夏鑫超	中国农业科学院	硕士
4	李剑勇	基础兽医学	赵晓乐	中国农业科学院	硕士	沈友明	中国农业科学院	硕士
			杨亚军	中国农业科学院	博士	程培培	甘肃农业大学	硕士
						王龙龙	甘肃农业大学	硕士

（续表）

序号	导师姓名	专业	2014 年招生情况			2014 年毕业情况		
			学生姓名	所在学校	类别	学生姓名	所在学校	类别
5	李建喜	基础兽医学	边亚彬	中国农业科学院	硕士	尚利明	中国农业科学院	硕士
6	郑继方	中兽医学	刘 艳	中国农业科学院	硕士	程 龙	中国农业科学院	硕士
7	梁剑平	基础兽医学	黄 鑫	中国农业科学院	硕士	卢 超	中国农业科学院	硕士
			艾 鑫	甘肃农业大学	硕士			
			吴 晶	甘肃农业大学	博士			
8	阎 萍	动物遗传育种与繁殖	张志飞	中国农业科学院	硕士			
			李明娜	中国农业科学院	博士			
9	杨博辉	动物遗传育种与繁殖	冯新宇	中国农业科学院	硕士			
10	李宏胜	临床兽医学	刘龙海	中国农业科学院	硕士			
			张 哲	甘肃农业大学	硕士			
11	王学智	临床兽医学	王海瑞	中国农业科学院	硕士			
12	严作廷	临床兽医学	闫宝琪	中国农业科学院	硕士			
			那立冬	甘肃农业大学	硕士			

七、学术委员会

主　任：　杨志强
副主任：　张继瑜
秘　书：　王学智
委　员：　夏咸柱　南志标　吴建平　才学鹏　杨志强　张继瑜　刘永明　杨耀光
　　　　　郑继方　吴培星　梁剑平　杨博辉　阎　萍　时永杰　常根柱　高雅琴
　　　　　王学智　李建喜　李剑勇　严作廷

第三部分 人才队伍建设

一、创新团队

中国农业科学院科技创新工程是国家三大创新工程之一，是研究所实现跨越式发展的良好契机。中国农业科学院兰州畜牧与兽药研究所（简称：兰州牧药所）已于去年成功入选创新工程第二批试点研究所。2014 年在研究所创新工程工作领导小组的指导下，先后于 3 月份和 7 月份凝练了《研究所院科技创新工程任务书》《研究所院科技创新工程实施方案》《第二批试点研究所试点期绩效任务书》等。构建创新工程配套制度体系，修订了《中国农业科学院兰州畜牧与兽药研究所科技创新工程奖励办法》《中国农业科学院兰州畜牧与兽药研究所科技创新工程科研人员岗位业绩考核办法》《中国农业科学院兰州畜牧与兽药研究所管理服务开发人员业绩考核办法》等规章制度，有效发挥了对改革的撬动作用，激发了全所干部职工改革创新的热情。在前期工作基础上，进一步凝练学科、组建科技团队、构建创新管理模式，在 4 个创新团队按照任务书的计划要求，积极推动团队科研创新研究，完成好第二批创新工程科研工作的同时，统筹安排申报中国农业科学院科技创新工程第三批科技创新工程团队工作。以学科体系为主线，突出专业优势和特色，组建了"兽药创新与安全评价""中兽医与临床""细毛羊资源与育种""寒生旱生牧草新品种选育"等 4 个科研创新团队。在各方通力合作、精心组织和有力推动下，研究所申报的"兽药创新与安全评价团队""中兽医与临床团队""细毛羊资源与育种团队""寒生、旱生灌草新品种培育团队"入选中国农业科学院科技创新工程第三批创新团队。至此，形成了独具特色和优势的 8 个院级科技创新团队，为研究所实现跨越式发展和建设世界一流研究所奠定了坚实的基础。

（一）奶牛疾病创新团队

奶牛疾病创新团队于 2014 年成立，团队共有 13 名成员。团队首席为杨志强研究员，研究骨干岗位 5 人，研究助理岗位 7 人；其中研究员 4 人，副研究员 4 人，助理研究员 5 人；博士 4 人，硕士 4 人。团队主要从事奶牛重要疾病的基础、应用基础和应用研究。利用免疫学、代谢组学、蛋白质组学等现代生物学技术，开展乳房炎、子宫内膜炎和犊牛疾病等主要疾病流行病学调查、诊断技术、发病机理的研究；开展我国不同地区奶牛乳房炎、子宫内膜炎主要病原菌的分布区系，分离鉴定和病原菌菌种数据库建设、优势抗原的筛选和高效疫苗的研究；根据中兽医辨证论治的原则，开展奶牛主要疾病高效安全中兽药的研究，制定适合我国国情的奶牛主要疾病综合防控技术，为我国奶牛业健康持续发展提供科技支持。

本年度科研立项 9 项，获得横向合作课题 4 项，验收成果 1 项，获得"益蒲灌注液""黄白双花口服液" 2 个新兽药证书和添加剂预混料生产文号 8 个。"牛羊微量元素精准调控技术研究与应用"获 2014 年甘肃省科技进步三等奖，"益蒲灌注液的研制与应用"获 2014 年兰州市科技进步二等奖。获得授权实用新型专利 20 项，发表论文 19 篇（其中 SCI 收录论文 5 篇），引进博士 1 名，2 人次参加在澳大利亚举办的第 28 届牛病大会，3 人次赴台湾开展了反刍动物营养代谢病及奶牛繁殖障碍疾病研究合作交流；15 人次参加国内学术交流会；毕业研究生 4 名，在读硕士研究生 6 名。签订科技成果转让协议 5 份，其中"益蒲灌注液"新兽药证书转让费 50 万元、"黄白双花口服液"新兽药证书转让费 40 万元，"舔砖生产配方及工艺"转让费 40 万元，治疗奶牛不发情的中兽药"藿芪灌注液"转让费 100 万元，"奶牛乳房炎灭活疫苗的研究与开发"获得技术转让费 450 万元。总经费达到 680 万元。

（二）牦牛资源与育种创新团队

牦牛资源与育种团队于 2014 年成立，团队共有 17 名成员。团队首席为阎萍研究员；骨干岗位 4 人，其中研究员 1 名，副研究员 3 名；助理岗位 12 人，其中副研究员 6 人，助理研究员 6 人。牦牛资源与育种团队着重开展优质高产的无角牦牛新品种选育研究及牦牛功能基因组和重要品质性状相关功能基因的研究，尤其是肉品质性状、繁殖性状、生长发育性状、低氧适应性状，克隆或鉴定关键基因，解析其调控途径，阐明重要品质性状形成的分子机理；通过相关基因和蛋白的研究，初步解析牦牛低氧适应的分子机制；对重要品质性状遗传机理分析，建立牦牛分子育种的理论基础和创新技术体系；进行牦牛肉的嫩化特性、保水性、抗氧化性能的研究，建立牦牛肉嫩化、保水性、抗氧化处理生产工艺。

牦牛资源与育种创新团队在 2014 年度主要在无角牦牛新品种选育、牦牛高原低氧适应性的分子与蛋白质组学研究、牦牛候选功能基因研究、牦牛营养补饲及瘤胃微生物研究等领域开展研究工作。共发表学术论文 29 篇，其中 SCI 论文 6 篇；出版著作 5 部；授权专利及软件著作权共计 25 项；获得甘肃省科学技术进步二等奖 1 项。在 2014 年 8 月成功举办第五届国际牦牛大会。团队 1 名成员赴国际家畜研究所交流并取得自然基金国际合作交流项目 1 项。邀请德国家畜遗传研究所牦牛骆驼基金会研究人员 2 名来所进行考察合作，最终达成长期合作协议。1 人获得全国优秀科技工作者及甘肃省领军人才称号；1 人获得"甘肃省杰出青年"称号。培养博士研究生 2 名，硕士研究生 5 名。建成牦牛资源与育种科技创新平台 1 个。建立牦牛繁育试验基地 1 个。

（三）兽用化学药物创新团队

兽用化学药物创新团队于 2014 年进入中国农业科学院第二批创新工程试点团队。团队首席为李剑勇研究员，团队人数为 9 人，包括首席专家 1 名、骨干（副研究员）4 名，助理（助理研究员）4 名。其中 4 人具有博士学位、4 人具有硕士学位、1 人具有学士学位，团队成员专业涵盖药物化学、药物分析、药剂学、兽医药理学、兽医毒理学、临床兽医学及分子生物学等专业。成员分工明确、结构合理，形成了一支具有较强创新力和凝聚力的研究团队。

2014 年兽用化学药物创新团队共发表科技论文 31 篇，其中 SCI 收录 7 篇；获得授权发明专利 3 项；出版专著 4 部；获甘肃省科技进步一等奖 1 项；1 人获得国家中青年科技创新领军人才称号；毕业博士研究生 3 名，博士后 1 名，毕业硕士研究生 6 名；2 人参加国际学术会议，32 人次参加国内学术交流；1 项农业行业标准起草方案通过专家论证，1 项新兽药证书提交到农业部新兽药评审中心并通过初审。招收硕士研究生 3 名，招收博士研究生 2 名，1 名团队成员在职攻读博士学位；毕业硕士研究生 5 名，毕业博士研究生 1 名；团队引进药剂学专业成员 1 名。

（四）兽用天然药物创新团队

兽用天然药物创新团队于 2014 年进入创新工程试点团队。团队首席为梁剑平研究员，团队人数为 10 人，其中研究员 2 人，副研究员 4 人，助理研究员 4 人，都是硕士研究生及以上学历，科研方向合理，具备一定的科研竞争力。通过对创新团队团队意识的培养，不断提升团队凝聚力、创新力和竞争力。营造善于创新、开放包容的科研环境，为团队成员创造一个公平竞争、和谐向上的成长环境，增强科研内聚力。2014 年 7 月引进毕业于英国纽卡斯尔大学药物化学专业硕士研究生 1 名，增强了创新团队成员在知识结构等方面的优势互补，积极培养以年轻科研骨干为主体的人才团队，努力促进科技创新团队的科研竞争力和发展潜力。

本年度发表研究论文 8 篇，其中 SCI 论文 3 篇；获得发明专利证书 4 项；出版著作 2 部；疯草防治项目荣获 2014 年西藏阿里地区特等奖。1 人获得 2014 年度兰州市科技功臣提名奖；引进了研究助理 1 名，培养博士研究生 2 名、硕士研究生 12 名，毕业 3 名；派出科研助理 1 人到北京参加了高效液相色谱仪的专业操作维护培训；应团队邀请，6 月 13 日，苏丹农牧渔业部司长 Hassan 博士到我所访问交流。

二、职称职务晋升

（一）专业技术职务

根据《中国农业科学院关于公布 2013 年度晋升专业技术职务任职资格人员名单的通知》（农科院人〔2014〕87 号）文件精神，2014 年我所有 17 人晋升专业技术职务，其中：

1. 高级技术职务

研究员：李建喜　罗超应

副研究员：曾玉峰　丁学智

高级实验师：王学红　李维红

以上六人专业技术职务任职资格从 2014 年 1 月 1 日算起，专业技术职务聘任时间从 2014 年 2 月 1 日算起。

2. 中级技术职务

秦哲助理研究员，任职资格和专业技术职务聘任时间均从 2013 年 2 月 1 日算起。

郝宝成、胡宇助理研究员，任职资格和专业技术职务聘任时间均从 2013 年 7 月 1 日算起。

刘希望、郭婷婷、尚小飞、熊琳、杨晓助理研究员，任职资格和专业技术职务聘任时间均从 2013 年 8 月 1 日算起。

符金钟、张玉纲助理研究员，任职资格和专业技术职务聘任时间均从 2014 年 1 月 1 日算起。

3. 初级技术职务

郝媛研究实习员，任职资格和专业技术职务聘任时间均从 2014 年 1 月 1 日算起。

（二）行政职务变化

张继瑜 兼任兽药研究室主任，任职时间从 2014 年 3 月 11 日算起。兼任甘肃省新兽药工程重点实验室主任、农业部兽用药物创制重点实验室主任，任职时间均从 2014 年 12 月 19 日算起。

阎 萍 兼任农业部动物毛皮及制品质量监督检验测试中心主任，任职时间从 2014 年 12 月 19 日算起，解聘其兼任的畜牧研究室主任职务。

时永杰 任草业饲料研究室主任，任职时间从 2014 年 3 月 11 日算起，免去其基地管理处处长职务。

董鹏程 任基地管理处副处长，任职时间从 2014 年 3 月 11 日算起，免去其科技管理处副处长职务。

高雅琴 任畜牧研究室主任，任职时间从 2014 年 5 月 23 日算起，免去其办公室副主任职务。

梁春年 任畜牧研究室副主任，任职时间从 2014 年 5 月 23 日算起。

曾玉峰 任科技管理处副处长，任职时间从 2014 年 5 月 23 日算起。

张继勤 任房产管理处副处长，任职时间从 2014 年 6 月 19 日算起，免去其后勤服务中心副主任兼保卫科科长职务。

张继勤 任后勤服务中心副主任，任职时间从 2014 年 12 月 9 日算起，免去其房产管理处副处长职务。

王 瑜 任基地管理处处长助理（正科级），任职时间从 2014 年 12 月 9 日算起，免去其药厂副厂长职务。

陈化琦 任办公室副主任，任职时间从 2014 年 12 月 9 日算起，免去其药厂副厂长职务。

杨志强 解聘其兼任的兽药研究室主任、农业部动物毛皮及制品质量监督检验测试中心主任、甘肃省新兽药工程重点实验室主任、农业部兽用药物创制重点实验室主任职务。

孔繁矼 免去房产管理处处长职务。

陆金萍 免去房产管理处副处长职务。

（三）机构变化

2014 年 11 月，根据研究所内设机构布局与职能，经所党政联席会议研究，并报中国农业科学院人事局同意，撤销房产管理处、药厂两个部门。将房屋出租业务划归条件建设与财务处，将宾馆经营业务划归后勤服务中心。将药厂 GMP 车间划归基地管理处，作为内部实体管理。

（四）工勤技能岗位

根据甘肃省人力资源和社会保障厅《关于 2014 年机关事业单位工勤技能岗位技术等级考核结果的通知》（甘人社通〔2014〕368 号），我所张金玉取得了工人技师任职资格，任职资格及聘任时间从 2014 年 11 月 1 日算起。

第四部分　条件建设

一、立项项目

（一）中国农业科学院前沿优势项目：牛、羊基因资源发掘与创新利用研究仪器设备购置

来源：中央级科学事业单位修缮购置专项资金（仪器设备购置类项目）

立项批复文件：农业部财务司关于补充下达 2015 年"一下"预算控制数的通知（农财预函〔2014〕78 号）

建设内容：购置全自动蛋白质表达分析系统、超灵敏多功能成像仪、全自动电泳系统、激光显微切割系统、牛羊冷冻精液制备系统、高速冷冻离心机、全自动多功能荧光活体成像系统、精子分析仪、自动移液工作站、生物信息专用服务器系统等仪器设备共 10 台套。

投资规模：625.00 万元

（二）中国农业科学院兰州畜牧与兽药研究所兽用药物创制重点实验室建设项目

来源：中央预算内投资

立项批复文件：《农业部关于中国农业科学院兰州畜牧与兽药研究所兽用药物创制重点实验室建设项目可行性研究报告的批复》（农计发〔2014〕225 号）

建设内容：购置超高效液相色谱仪、流式细胞仪、荧光定量 PCR 仪、多用电泳仪、激光共聚焦显微镜、多功能酶标仪、高效液相色谱仪、蛋白纯化分析系统、活细胞工作站、动物活体取样系统、超高速冷冻离心机及遗传分析系统等共计 12 台套。

投资规模：825.00 万元

二、实施项目

（一）中国农业科学院共享试点：区域试验站基础设施改造

来源：中央级科学事业单位修缮购置专项资金（基础设施改造类项目）

年度建设内容：

完成项目档案资料整理、归档，提交验收申请，准备上级主管部门验收。

投资规模：2 090.00 万元

（二）畜禽产品质量安全控制与农业区域环境监测仪器设备购置

来源：中央级科学事业单位修缮购置专项资金（仪器设备购置类项目）

年度建设内容：

（1）完成批复的 36 台仪器的到货及安装调试。完成结余经费增购 4 台仪器设备的采购安装调试。

（2）本项目仪器支持了新兽药工程研究室、大洼山野外台站及质检中心三个平台的科技条件建设，为研究所畜禽产品质量安全控制与农业区域环境监测研究奠定了坚实的基础。

投资规模：1 350.00 万元

（三）中国农业科学院共建共享项目——张掖、大洼山综合试验站基础设施改造

来源：中央级科学事业单位修缮购置专项资金（基础设施改造类项目）

年度建设内容：

（1）完成张掖综合试验站基础设施改造收尾工作，进行工程结算审核和档案资料的整理归档。

（2）完成大洼山锅炉煤改气工程锅炉房土建、安装及装饰工程；完成锅炉房庭院燃气管线铺设和配套设备的安装。

投资规模：1 057.00 万元

三、验收项目

中国农业科学院兰州畜牧与兽药研究所综合实验室建设项目

来源：中央政府公共投资基建项目

建设内容：

新建综合实验室 6 989.24m²，购置实验台 594 延米，样品柜、通风柜、移动通风罩等 116 套；配套建设场区道路 3 927m²，敷设场区给排水管线 584m、室外消防管线 694m，热力管线 152m，电力管线 1 290m。

投资规模：2 690.00 万元

验收意见：

该项目已按照批复完成了全部建设内容，工程质量合格。项目管理规范，执行了法人责任制、招投标制、监理制和合同制。资金使用符合农业部基本建设财务管理要求，做到了专账管理，专款专用。档案资料齐全，已分类立卷。该项目建设达到了设计要求和预期目标。

通过该项目的实施，所区环境得到改善。经专家组研究，一致同意该项目通过竣工验收。

第五部分 党的建设与文明建设

研究所党务工作按照年初制定的工作要点，在理论学习、党风廉政建设、文明和创新文化建设、统战工作、工会工作、离退休职工管理工作等方面精心组织，狠抓落实，为研究所各项工作的顺利开展提供了坚强保障。

一、理论学习

按照研究所 2014 年党务工作要点以及职工学习教育计划安排意见，以中心组学习、支部学习和集体学习教育等多种形式，开展了丰富多彩的系列学习教育活动。

制定了《中国农业科学院兰州畜牧与兽药研究所 2014 年党务工作要点》《中国农业科学院兰州畜牧与兽药研究所 2014 年职工学习教育安排意见》，对研究所学习教育活动进行了安排，确保学习教育活动有序开展。

1 月 23 日，研究所召开传达中国农业科学院 2014 年工作会议精神暨 2013 年工作表彰大会，贯彻落实院 2014 年工作会议和党风廉政建设工作会议精神，总结研究所 2013 年工作，表彰先进集体和个人。

2 月 17 日，召开党的群众路线教育实践活动总结大会。中国农业科学院党的群众路线教育实践活动第五督导组组长申和平局长、李延青处长、聂菊玲处长出席了总结大会。与会人员对教育实践活动进行了民主评议，评议结果中"好"和"较好"占 98.9%。申和平局长代表督导组对研究所教育实践活动给予了高度评价。研究所班子成员、中层干部、在职党员、学生党员、离退休党员代表、民主党派负责人参加了会议。

6 月 4 日，召开理论学习中心组会议，专题学习十八届三中全会精神。集体收看了国家行政学院新闻中心主任胡敏研究员作的题为"三中全会之政府改革—新思想、新观点、新论述"专题辅导视频报告。胡敏研究员在报告中全面阐释了三中全会的重要意义，从政府改革的方向层面、制度层面、配套层面等三个层面和党政关系、法政关系、政市关系、政社关系等四个维度对深化政府改革进行了系统分析，充分强调了要准确把握好十八届三中全会关于深化政府改革的核心和精髓，正确理解和切实把握好政府改革过程中的几个关系和问题。

"七一"前夕，组织开展了"践行核心价值观，创新奉献谋发展"征文暨演讲活动，引导广大职工积极学习、践行社会主义核心价值观。共 24 人提交了论文，评选出优秀论文 8 篇。有 11 名职工参加了演讲比赛，评选出一等奖 1 名，二等奖 2 名，三等奖 3 名。在研究所科苑东楼大厅布置了社会主义核心价值观宣传图片、"三严三实"宣传图片，增强职工的价值观意识和从严从实谋事谋发展的意识。

7月4日，召开全所职工大会，传达学习了院党组中心组（扩大）学习会精神。杨志强所长传达了李家洋院长的讲话和院纪检组史志国组长科研经费管理案例分析报告。他要求全体与会人员要认真学习领会，增强责任感、紧迫感，以扎实推进科技创新工程为抓手，不断开创研究所科技工作新局面。

7月9日，召开所理论学习中心组学习（扩大）会议，深入学习《国务院关于改进加强中央财政科研项目和资金管理的若干意见》。与会人员集体学习了国发11号文件，解读了文件精神。通报了高校科研院所科研经费违规使用案例。

11月4日，召开理论学习中心组学习会，学习十八届四中全会精神。中心组全体成员集中学习了十八届四中全会《决定》及相关社论，结合工作实际畅谈了学习十八届四中全会精神的认识及体会，并就运用法治思维和法治方式做好各项工作进行了交流。杨志强所长、张继瑜副所长、阎萍副所长等同志在学习会议上作了发言，谈了心得体会，纷纷表示要坚持依法治所和科技创新，全面推进研究所的各项工作。

11月4日，举行学习十八届四中全会精神辅导报告会，邀请了甘肃省委党校法学教研部主任张佺仁教授，为全体职工作了以《法治中国建设的若干前沿问题》为题的十八届四中全会精神学习辅导报告。张佺仁教授从十八届四中全会的重大意义、全会内容亮点以及提高运用法治思维和法治方式的能力等方面作了精彩的解读，使广大职工对十八届四中全会精神有了更全面的了解。

二、组织建设

为了充分发挥党支部作用，根据研究所机构和党员分布变化情况，所党委3月对党支部设置进行了调整，将党支部由7个调整为8个。同时，进行了党支部委员会换届选举，产生了新一届党支部委员会。通过党支部调整和支部委员会改选，使党支部的力量得到了加强。

严格按照发展党员的标准和要求，做好组织发展和党员管理工作，研究所全年发展党员1名，转正党员2名。

4月，研究所开展了中国农业科学院2012—2013年度"两优一先"评选推荐工作，最终，杨志强所长获"中国农业科学院优秀党务工作者"称号，王学智同志获"中国农业科学院优秀共产党员"称号。

11月27日，民盟研究所支部召开换届会议。会议选举产生了民盟兰州牧药所第三届支部委员会。民盟甘肃省委组织部部长周洁民和副部长乔冬梅、社会服务部部长魏鸣、研究所副所长阎萍、党办人事处副处长荔霞及研究所民盟支部盟员等参加了会议。会议由第一届支部委员会委员杜天庆主持。

三、党风廉政建设

年初，制定了《中国农业科学院兰州畜牧与兽药研究所2014年党风廉政建设工作要点》《中国农业科学院兰州畜牧与兽药研究所"三重一大"决策制度实施细则》和《中国农业科学院兰州畜牧与兽药研究所科研经费信息公开实施细则》。

4月10日，研究所召开2014年党风廉政建设学习会议，传达贯彻农业部廉政建设警示教育大会精神。与会人员观看了警示教育片《伪装的外衣——沈广贪污案件警示录》。研究所纪委书记、副所长张继瑜传达了农业部党组副书记、副部长余欣荣在农业部廉政警示教育大会上的讲话精神，阎萍副所长、杨振刚处长分别传达了院党组书记陈萌山、院党组纪检组组长史志国在中国农业科学院 2014 年党风廉政建设工作会议上的讲话精神及工作报告。张继瑜部署了 2014 年研究所党风廉政建设工作，宣读了签订廉政责任书的重大项目名称及负责人名单，并说明了廉政责任书主要内容。

7 月 9 日，研究所召开所理论学习中心组学习（扩大）会议，深入学习《国务院关于改进加强中央财政科研项目和资金管理的若干意见》。与会人员集体学习了国发 11 号文件，解读了文件精神。通报了高校科研院所科研经费违规使用案例。所长杨志强结合文件精神，就加强研究所科研经费管理工作做出了安排。

7 月 17 日，研究所举办了中国农业科学院（兰州）科技创新工程和科研经费管理宣讲会，大会听取了中国农业科学院监察局关于科研经费管理政策及违规案例宣讲，并组织有关领导和重大项目主持人参加院监察局开展的科研经费信息公开情况调研活动。

组织修购及基建项目负责人、重大科研项目负责人与研究所签订廉政建设责任书 50 余份。配合学习教育，为理论学习中心组成员及重大项目负责人发放了《科研经费管理使用违法违规案列选编》共 70 余份。组织职工向院监察局提交了党风廉政建设理论征文 10 篇。纪检监察工作人员参加研究所基建项目招投标、政府采购招投标、项目验收、硕士博士研究生招生、中层干部任免推荐、科研经费专项检查等活动 18 次。通过学习教育，进一步提高了职工的政策水平，强化了红线意识。

四、文明建设

开展形式多样的文明创建活动，增进沟通，凝聚力量，为研究所发展营造文明和谐的环境。

3 月 5 日，组织青年职工参加了学雷锋志愿服务卫生清扫活动，清扫研究所附近沿街人行道卫生，擦洗了隔离护栏等。

3 月 7 日，在白塔山举行了庆祝"三八"妇女节登山比赛，有 70 余名女职工、女研究生参加了比赛。党委书记刘永明、副所长张继瑜也参加了活动，并向女同志表达了节日的祝贺。最后，他们代表研究所分别向各组前三名颁发了奖品并给予了鼓励。

3 月 13 日，研究所第四届职工代表大会第三次会议在研究所综合实验楼会议厅召开。大会代表 28 人、列席代表 10 人出席了会议，全体职工旁听了大会。会议听取了所长杨志强代表所领导班子作的 2013 年工作报告、财务执行情况报告和 2014 年工作计划。代表们还对研究所的发展提出了建设性的意见和建议。所党委书记、工会主席刘永明对贯彻本次大会精神提出了希望和要求。

4 月 20 日至 5 月 8 日，研究所举行了以科研工作和职工生活为主要内容的首届职工摄影作品评选活动。广大职工踊跃投稿，共征集到各类摄影作品 140 幅，评选出优秀作品 12 幅，入围作品 28 幅。所工会对所有优秀作品、入围作品进行了奖励。入围作品在办公楼电子屏、研究所网站滚动展示。

5 月 4 日，为纪念及庆祝"五四"青年节 95 周年，研究所青工委举办了"我爱研

究所 攀登大洼山"活动,有 50 余名青年职工和学生参加了登山活动。

为推动职工健身运动,丰富文化生活,在科研楼开设了乒乓球场,并为各部门购买了乒乓球拍等活动器材。

在"七一"建党节前,组织开展了"践行核心价值观,创新奉献谋发展"征文活动,引导广大职工积极学习、践行社会主义核心价值观。共 24 人提交了论文,评选出优秀论文 8 篇。有 11 名职工参加了演讲比赛,评选出一等奖 1 名,二等奖 2 名,三等奖 3 名。

7 月 1 日,研究所践行社会主义核心价值观演讲比赛在科苑东楼七楼会议厅举行。党委书记刘永明代表研究所党委致开幕词。新党员进行了入党宣誓。演讲最终决出了一等奖 1 名,二等奖 2 名,三等奖 3 名。最后,所领导为获奖选手进行了颁奖。在研究所科苑东楼大厅布置了社会主义核心价值观宣传图片、"三严三实"宣传图片,增强职工的价值观意识和从严从实谋事谋发展的意识。

9 月 28 日,研究所在大洼山试验基地举行了第八届职工运动会。此次运动会分为 7 个代表队。比赛项目根据不同年龄段分为甲、乙、丙组,设有 100m、400m、1 000m、铅球、跳远、跳绳、踢毽子、拔河等项目。近 100 名运动员通过一整天的激烈角逐,有 16 人次获一等奖,26 人次获二等奖,28 人次获三等奖,3 个部门获得组织奖。所领导向取得优异成绩的先进集体和个人颁奖。全体职工及研究生参加了运动会,离退休职工也前往比赛现场观摩了运动会。

积极组织开展文明创建工作,评选出文明处室 2 个、文明班组 5 个、文明职工 5 名。申报了中国农业科学院文明单位。

扎实整理了申报全国文明单位的相关材料,做好申报准备工作。12 月 25 日,甘肃省文明办仇颖琦副主任带领省市两级文明办有关部门负责人对研究所创建全国文明单位工作进行了检查验收。党委书记刘永明代表研究所汇报了研究所近年来文明创建工作。测评组实地考察了研究所道德讲堂、中兽医药陈列馆、所史陈列室、图书馆、活动中心、大院环境以及大洼山综合试验站等;查阅了文明创建档案及图片材料。测评组对研究所文明创建工作给予高度评价,认为研究所文明创建工作扎实有序,资料详实,职工活动丰富多彩,文明创建工作成效显著。

五、离退休职工管理与服务工作

1 月 9 日,研究所召开离退休职工迎春茶话会。所长杨志强代表所领导班子向离退休职工全面汇报了 2013 年研究所在科技创新工程试点单位申报、科学研究、科技开发、人才队伍和科研平台建设、条件建设与管理服务、党的工作与文明建设等方面取得的新成绩,提出了 2014 年度研究所工作思路。座谈中,离退休职工踊跃发言,充分肯定了过去一年里研究所取得的成绩,研究所的发展令人振奋,领导的关心让大家感到温暖。同时,离退休职工也由衷地希望研究所领导班子带领全所职工继续永葆骏马精神,开拓进取,努力拼搏,取得更好成绩。会议由党委书记刘永明主持,副所长阎萍出席了会议。刘永明代表所党政班子,向离退休职工对研究所工作的大力支持表示感谢,并向他们致以诚挚的问候和新春的祝福!

1月24日，所长杨志强、副所长张继瑜和阎萍率领研究所工会、党办人事处及相关部门负责人登门走访慰问研究所在所离休干部、困难职工及家属，把研究所的关怀和温暖送给他们。

9月29日，在新中国成立65周年前夕，所长杨志强、党委书记刘永明、副所长阎萍带领研究所党办人事处及办公室有关人员走访慰问了新中国成立前参加工作的老干部和老党员。在走访慰问中，研究所领导为老干部老党员们送去了表达祝福的鲜花，使他们真正感受到党的关怀和研究所的温暖；同时宣传了党的有关方针政策，凝聚了强国强所正能量。

年内，看望了12名在西安、北京、天津等地居住的离退休职工，对在异地居住的24名离退休职工进行不定期电话慰问。及时探望慰问生病住院的离退休职工60余人次。给48名80岁以上离退休职工送生日蛋糕、生日贺卡，祝福他们生日快乐。

根据中国业农科学院要求，开展社区养老及居家养老调研活动，并上报调查表及调研报告。积极参与农业部离退休干部先进集体、先进个人评选活动，上报了先进集体和先进个人事迹材料。

为丰富离退休职工生活，根据老同志的兴趣和愿望，对老年活动室布局进行调整，开设了宽敞的音乐室，配备了活动用具，为老同志开展每周一歌活动创造了条件。

重阳节前夕，组织全体离退休同志参观了大洼山试验基地，观看了研究所第八届职工运动会，开展了休闲娱乐活动。

根据离退休人员变动情况、流动情况，及时对离退休职工信息表进行调整，完善离退休职工信息库，做到信息完整、准确。及时办理异地居住的离休干部托管费、医药费报销事项，为他们解除后顾之忧。做好老年活动室卫生清扫、设施维护、生活服务等日常工作，为离退休职工休闲活动创造了良好的环境。

第六部分 规章制度

一、中国农业科学院兰州畜牧与兽药研究所招待费管理办法（试行）

农科牧药办〔2014〕13号

第一章 总则

第一条 为进一步规范研究所各类业务接待行为，认真贯彻中央八项规定要求，促进我所党风廉政建设和各项事业的健康发展，以"厉行节约，合理开支，严格控制，超标自负"为原则，根据国家和主管部门相关规定，结合我所实际，特制定本办法。

第二条 本办法所指招待费是指所内各部门执行公务或开展业务活动需要合理开支的接待费用。主要包括：因业务工作需要发生的餐饮等费用。

第二章 招待费原则

第三条 各部门招待费应遵循如下原则。

（一）业务招待坚持对口接待的原则。上级机关和相关单位的领导，由办公室统一安排接待；上级机关和相关单位的部门负责人，由对口职能部门与相关处室协商后安排接待；上级机关和相关单位的一般工作人员，由对口职能部门或相关部门安排接待；地方行政部门一般人员，由各工作相关部门安排接待。

（二）招待费实行事前申请，标准控制，逐级审批的原则。

（三）招待费应遵循勤俭节约，杜绝浪费的原则。

（四）各部门接待来客时，须严格控制所内陪同人数，原则上陪同人数不得超过3人。如遇特殊情况，陪同人数也不得超过来客人数。

（五）各部门进行业务接待时如无特殊情况，接待地点的选择应实行就近原则；午餐招待原则上不饮用酒类，确有需要时也应适量控制。单位内部禁止互相招待，杜绝以加班为名自行吃喝。

第三章　招待费事前申请

第四条　招待费支取须事前审批。招待费发生前，经办人须如实填写《招待费申请单》（见附件），详细说明申请金额、招待费标准、招待单位、事由、招待人数、陪同人数、用餐地点等，按规定的审批权限，经审批同意后，方可在批准的额度内开支招待费。

第五条　如有特殊情况不能及时办理事前审批手续时，必须先口头向所领导请示，获批准后可进行接待，必须在接待事宜完成后三个工作日内按要求补办《招待费申请单》，否则，不予报销。事前未经批准而擅自招待或就餐的，不论何种情况，产生的招待费本单位一律不予审核报销，由业务招待相关人员自行支付。

第四章　招待费审批权限

第六条　招待费从严审批。招待费每笔开支 500 元以内的，由各部门负责人审核、分管所领导审批；每笔开支 500 元（含 500 元）以上的，由各部门负责人、分管所领导审核，主管财务所领导审批。

第五章　招待费开支标准

第七条　招待费开支实行标准控制。招待费支出原则以人均 80 ~ 120 元/次为标准。各部门业务招待均须严格按照本标准执行，超过规定标准的部分不予报销。

第八条　遇有特殊情况时，按审批权限事先经所领导同意，可适当提高用餐标准。

第六章　招待费财务报销

第九条　各部门在完成招待任务后须及时办理报销手续。报销时，经办人须持事前审批的《招待费申请单》、正规发票并填写报销单。经所在部门负责人审核签字后报条件建设与财务处审核，按规定权限审批后方可报销，否则，不予审批报销。

第十条　国家财政专项经费、国家科技计划经费等所有科研专项经费中无招待费预算的，一律不允许开支招待费。

第十一条　职工外出做实验、调研、开会、培训等原则上不得报销外地招待费，确属特殊情况的，必须事前按审批流程向所领导请示同意后方可发生必要的招待费。

第十二条　严格执行监督检查制度。研究所纪检部门定期组织有关部门对招待费执行情况进行检查，对违反规定的情况，一律予以公开曝光，责令退赔一切费用的同时，按照研究所规定追究相关人员的责任。

第七章 附则

第十三条 本办法如与国家和上级部门规定相抵触的，以国家和上级部门规定为准，对未尽事项按国家和上级部门规定执行。

第十四条 本办法由条件建设与财务处制定并解释。

第十五条 本办法自 2014 年 1 月 1 日起执行

附件：招待费申请单

招待费申请单

申请日期：		招待日期：	
申请部门		申请金额	
招待费标准		招待单位	
事　由			
招待人数		陪同人数	
用餐地点			
备　注			
经办人		部门负责人	
分管所领导（500 元以内）		主管财务所领导或所长（500 元以上）	

二、中国农业科学院兰州畜牧与兽药研究所编外用工管理办法

（农科牧药办〔2014〕62号）

为了加强对所属各部门（含课题组，下同）编外用工的管理，有序、规范、合法地使用编外人员，有效完成各项临时性、辅助性工作，根据《劳动合同法》《中国农业科学院编外聘用人员管理办法》的规定，结合研究所实际，制定本办法。

一、用工范围

（一）开发经营部门生产、经营岗位用工。

（二）公益管理服务岗位用工，包括：卫生、绿化、治安保卫岗位用工，试验基地（野外台站）生产、管理岗位用工，驾驶员岗位用工。

（三）课题研究中相关辅助工作用工。

（四）季节性、完成一定工作任务用工，如：取暖期供暖等工作岗位用工。

（五）经批准的其他临时任务用工。

二、用工条件

（一）聘用的编外人员必须品行端正、遵纪守法、身体健康，能胜任应聘岗位的工作。

（二）符合各相关岗位聘用规定并经考核合格者。

（三）特殊岗位需持有上岗资格证。

三、用工管理

（一）用工方式

编外用工主要采用劳务派遣、部门聘用、工作任务承包的形式。

（二）用工计划

1. 用工实行年度计划管理。

2. 各用工部门根据工作需要提出用工计划和用工方式，明确用工岗位及相应的用工数量，经研究所审核同意后，按照计划确定的用工岗位、数量用工。

3. 用工计划每半年审核一次。

4. 任何部门不得自行招用编外人员，不得超计划用工。

（三）用工管理

1. 用工实行合同管理。

公益管理服务岗位、课题研究辅助任务用工以劳务派遣形式使用编外用工的，由研究所人事部门与劳务派遣公司签订劳务派遣协议。

开发经营部门以劳务派遣形式使用编外用工的，由部门与劳务派遣公司签订劳务派遣协议。

2. 编外用工日常管理由用工部门负责。

3. 用工部门要根据工作实际，制定本部门包括工作岗位、岗位职责、工作时间、劳动纪律、业绩考核、奖惩制度等内容的用工管理制度，并以书面形式告知编外人员。

4. 用工部门要提供必要的劳动保护条件，加强对编外人员的安全生产教育和管理，做到安全作业。

5. 用工部门要对编外人员按日进行考勤。

6. 对工作中不积极主动，不能完成工作任务者和不遵守用工部门用工管理规定的编外人员，用工部门可在具有确切依据的情况下，提出辞退意见，由聘任部门按照程序办理辞退手续。

四、用工待遇

（一）工资

1. 各部门用工的工资标准，根据工作岗位和任务量，参照有关单位相同或相近编外用工岗位的工资标准拟定，但不得低于最低工资标准。各部门应严格按照批准的用工工资标准执行，不得自行调整。

2. 公益管理服务岗位、课题研究辅助任务用工，由用工部门（课题组）于每月底将编外人员的考勤结果及工资报表报人事部门，由人事部门汇总并经所领导审核后向劳务派遣公司支付编外人员工资。

开发经营部门用工由部门根据考勤结果编制工资表，经主管所领导审核后向劳务派遣公司支付编外人员工资。

（二）社会保险

1. 研究所各用工部门，按照规定为编外人员办理社会保险，并缴纳相应的保险费用。

2. 保险费个人承担部分由编外人员个人负责缴纳。编外人员个人不购买社会保险的，由本人提出书面申请。

（三）经费渠道

1. 生产经营岗位用工的工资、社会保险费、劳务派遣管理费等从部门收入中开支。

2. 课题研究辅助用工的工资、社会保险费、劳务派遣管理费从课题劳务费预算中开支。

3. 公益管理服务岗位用工的工资、社会保险费、劳务派遣管理费从研究所事业费中开支。

五、本办法自 2014 年 9 月 4 日所务会议讨论通过之日起执行。

三、中国农业科学院兰州畜牧与兽药研究所信息传播工作管理办法

（农科牧药办〔2014〕82号）

第一章　总则

第一条　为加强和规范全所信息传播工作，营造有利于研究所创新发展的良好环境和舆论氛围，促进科技创新工程实施，根据国家、农业部和中国农业科学院有关新闻宣传、科技传播和政务信息报送等工作的规定，结合研究所实际，制定本办法。

第二条　本办法适用于所属各部门开展的信息传播工作。信息传播工作包括新闻宣传、院所媒体传播和政务信息报送等。

一、新闻宣传是指通过网络、报刊杂志、电视、广播等公共媒体，对研究所科研和管理活动进行的信息发布或宣传报道。

二、院所媒体传播是指利用院网、院报、所网等院所媒体，发布研究所工作动态和相关信息的工作。

三、政务信息报送是指依托《中国农业科学院简报》《中国农业科学院每日要情》《中国农业科学院信息》《中国农业科学院信息专报》等内部刊物，收集和报送研究所在科研和管理活动中产生的有参考价值的内部信息，为有关领导了解情况、科学决策提供信息服务的工作。

第三条　研究所信息传播工作的基本原则是：全面、客观、准确、及时、通俗地反映各项工作进展，严格执行国家、农业部和中国农业科学院有关新闻宣传、广播电视、报刊出版、互联网、保密、知识产权等方面的规定，防止失实报道和失泄密事件发生。

第二章　组织机构与人员队伍

第四条　为了加强信息传播工作，成立研究所信息传播工作领导小组。由所长任组长，党委书记和分管科研工作的副所长任副组长。其他所领导、职能部门第一责任人和办公室宣传岗位工作人员为小组成员。实行办公室牵头，各部门各负其责的工作机制。信息传播工作领导小组负责制定研究所年度信息传播工作计划，并报中国农业科学院办公室。

第五条　建立研究所通讯员队伍，职能部门、开发服务部门和研究所8个中国农业科学院科技创新团队各指定一名政治素质高、文字功底好的工作人员兼任通讯员，负责本部门和本团队工作动态和工作进展的信息传播工作。

第六条　根据中国农业科学院要求，设立研究所新闻发言人，由所领导担任，代表研究所履行对外发布新闻、声明和有关重要信息等职责。

第三章　工作内容

第七条　新闻宣传的主要内容包括：

一、研究所改革、创新、发展的重要举措与成效。

二、研究所创新成果与创新思想。

三、研究所涌现的先进人物与团队的典型事迹。

四、可向媒体发布的其他内容。

第八条　院所媒体传播的主要内容包括：

一、应公开的全所基本情况与基本数据信息。

二、研究所各项工作动态与进展。

三、农业科普知识。

四、涉农突发事件有关科技问题的专家解读等。

第九条　政务信息报送的主要内容包括：

一、在科研和管理工作中取得的明显成效与经验。

二、最新重大科技成果、重要科研进展。

三、国外最新重大农业科研成果与动态。

四、专家学者对农业农村经济与农业科技发展有关重点、难点、热点问题的分析判断与政策建议等。

第十条　工作要求及程序：

一、通讯员须根据各部门和各团队工作动态和进展，及时撰写稿件，经部门或团队负责人审阅签字后向办公室报送电子版，由办公室报所领导审阅并签署意见后统一报送或发布。

二、信息内容必须真实准确、主题鲜明、言简意赅，尽量做到图文并茂，图片清晰并突出主题。

第十一条　研究所任何部门或个人接受新闻采访，必须经所领导批准，未经批准，不得擅自接受涉及研究所相关工作的采访。

第四章　考核与奖惩

第十二条　信息传播工作是中国农业科学院研究所评价体系考核指标之一，各部门和团队应高度重视。研究所建立信息传播工作通报制度，由办公室定期对各部门和团队报送的信息稿件及采用情况进行统计，并在全所范围内通报。

第十三条　研究所任何人员不得以研究所或者中国农业科学院名义发布职务成果。严禁发布涉及国家秘密及研究所秘密的信息，一经发现按相关规定追究相关部门、团队和个人责任。

第十四条　对违反本办法有关规定，造成不良影响和后果的部门和个人，进行通报批评，督促整改，并取消部门当年先进单位和先进个人的评选资格。违反国家和主管部门规定的按相关规定处理。

第十五条 为促进研究所信息传播工作，提高各部门及工作人员开展信息传播工作的积极性，对撰稿人予以奖励。奖励标准参见《中国农业科学院兰州畜牧与兽药研究所奖励办法》。

第五章 附则

第十六条 本办法由办公室负责解释。自 2014 年 11 月 25 日所务会议讨论通过之日起施行。

四、中国农业科学院兰州畜牧与兽药研究所奖励办法

（农科牧药办〔2014〕83号）

为提高研究所科技自主创新能力，建立与中国农业科学院科技创新工程相适应的激励机制，推动现代农业科研院所建设，结合研究所实际情况，特制定本办法。

第一条　科研项目

研究所获得立项的各类科研项目（不包括中国农业科学院科技创新工程费、基本科研业务费和重点实验室运转费等项目），按当年留所经费（合作研究、委托试验等外拨经费除外）的5%奖励课题组。中国农业科学院科技创新工程总经费的5%作为创新团队绩效奖励，由创新团队首席进行奖励。

第二条　科技成果

（一）国家科技特等奖奖励80万元，一等奖奖励40万元，二等奖奖励20万元，三等奖奖励15万元。

（二）省、部级科技特等奖15万元，一等奖奖励10万元，二等奖奖励8万元，三等奖奖励5万元。

（三）中国农业科学院特等奖10万元，一等奖奖励8万元，二等奖奖励4万元。

（四）地、厅级科技特等奖2万元，一等奖奖励1.5万元，二等奖奖励1万元，三等奖及鉴定成果奖励0.5万元。

（五）我所为第二完成单位的成果，按照相应的级别和档次给予40%的奖励，署名个人、未署名单位或我所为第三完成单位及排名第三以后的成果，不予奖励。

第三条　科技论文、著作

（一）科技论文（全文）按照SCI类（包括中文期刊）、国内一级期刊、国内核心期刊三个级别，分不同档次奖励。

1. 发表在SCI类期刊上的论文，按照科技期刊最新公布的影响因子进行奖励。奖励金额为（1+影响因子）×3 000元。院选SCI顶尖核心期刊及影响因子大于5的SCI论文（1+影响因子）×8 000元，院选SCI核心期刊（1+影响因子）×5 000元。

2. 发表在国家中文核心期刊上的研究论文（综述除外），按照国内一级学术期刊和国内核心学术期刊目录（以中国计量学院公布的最新《学术期刊分级目录》为参考）奖励：院选中文核心期刊2 000元/篇，国内一级学术期刊论文奖励金额1 000元/篇。《中国草食动物科学》《中兽医医药杂志》和国内核心学术期刊奖励金额300元/篇。

3. 管理方面的论文奖励按照相应期刊类别予以奖励。

4. 奖励范围只限于署名我所为第一完成单位的第一作者或通讯作者。农业部兽药创制重点实验室、农业部动物毛皮及制品质量监督检验测试中心（兰州）、农业部兰州黄土高原生态环境重点野外科学观测试验站、甘肃省新兽药工程重点实验室、甘肃省中兽药工程技术研究中心、甘肃省牦牛繁育重点实验室下属的科研人员，发表论文须署相

应实验室或工程中心名称，否则不予奖励。

（二）由研究所专家作为第一撰写人正式出版的著作（论文集除外），按照专著、编著和译著（字数超过 20 万字）三个级别给予奖励：专著（大于 20 万字）1.5 万元，编著（大于 20 万字）0.8 万元，译著 0.5 万元（大于 20 万字），字数少于 20 万元（含 20 万元）字的专著、编著、译著和科普性著作奖励 0.3 万元。出版费由课题或研究所支付的著作，奖励金额按照以上标准的 50% 执行。同一书名的不同分册（卷）认定为一部著作。

第四条　科技成果转化

专利、新兽药证书等科技成果转让资金的 50% 用于奖励课题组。

第五条　新兽药证书、草畜新品种、专利、新标准

（一）国家新兽药证书，一类新兽药证书奖励 15 万元，二类新兽药证书奖励 8 万元，三类新兽药证书奖励 4 万元，四类兽药证书奖励 2 万元，五类新兽药、饲料添加剂证书及诊断试剂证书奖励 1 万元。

（二）国家级家畜新品种证书每项奖励 15 万元，国家级牧草育成新品种证书奖励 10 万元，国家级引进、驯化或地方育成新品种证书奖励 6 万元；省级家畜新品种证书每项奖励 5 万元，牧草育成新品种证书奖励 3 万元，国家审定遗传资源、省级引进、驯化或地方新品种证书奖励 1 万元。

（三）国际发明专利授权证书奖励 2 万元，国家发明专利授权证书奖励 1 万元，其他类型的专利授权证书、软件著作权奖励 0.2 万元。

（四）制定并颁布的国家标准奖励 1 万元，行业标准 0.5 万元。

第六条　研究生导师津贴

研究生导师津贴按照导师所培养学生（第一导师）的数量给予相应的津贴。标准为：每培养 1 名硕士研究生，导师津贴为 300 元/月；每培养 1 名博士研究生，导师津贴为 500 元/月。可以累计计算。

第七条　对推动研究所取得科技成果奖、申报或组织实施重大项目的人员，按照项目经费的一定比例，对相关人员进行奖励，具体奖励办法由所长办公会议研究确定。

第八条　文明处室、文明班组、文明职工

在研究所年度考核及文明处室、文明班组、文明职工评选活动中，获文明处室、文明班组、文明职工及年度考核优秀者称号的，给予一次性奖励。标准如下：文明处室 3 000 元，文明班组 1 500 元，文明职工 400 元，年度考核优秀 200 元。

第九条　先进集体和个人

获各级政府奖励的集体和个人，给予一次性奖励。

获奖集体奖励标准为：国家级 8 000 元，省部级 5 000 元，院厅级 3 000 元，研究所级 1 000 元，县区级 500 元。

获奖个人奖励标准为：国家级 2 000 元，省部级 1 000 元，院厅级 500 元，研究所级 300 元，县区级 200 元。

第十条　宣传报道

中央领导批示、中办和国办刊物采用稿件每篇 1 000 元；部领导批示和部办公厅刊物采用稿件每篇 500 元；农业部网站采用稿件每篇 400 元；院简报和院政务信息报送采用稿件每篇 200 元；院网要闻或院报头版采用稿件每篇 200 元；院网或院报其他栏目采用稿件每篇 100 元；研究所中文网或英文网采用稿件每篇 50 元；其他省部级媒体发表稿件，头版奖励 300 元，其他版奖励 150 元。以上奖励以最高额度执行，不重复奖励。

第十一条 奖励实施

科技管理处、党办人事处、办公室按照本办法对涉及奖励的内容进行统计核对，并予以公示，提请所长办公会议通过后予以奖励。本办法所指奖励奖金均为税前金额，奖金纳税事宜，由奖金获得者负责。

第十二条 本办法自 2014 年 11 月 13 日所务会议通过并于 2015 年 1 月 1 日开始实施。原《中国农业科学院兰州畜牧与兽药研究所科技奖励办法》（农科牧药办〔2014〕34 号）同时废止。

第十三条 本办法由科技管理处、党办人事处、办公室解释。

五、中国农业科学院兰州畜牧与兽药研究所科研人员岗位业绩考核办法

（农科牧药办〔2014〕83号）

第一条 为充分调动科研人员的能动性和创造力，推进研究所科技创新工程建设，建立有利于提高科技创新能力、多出成果、多出人才的激励机制，特制订本办法。

第二条 全体科研人员的岗位业绩考核实行以课题组为单元的定量考核。业绩考核与绩效奖励挂钩。

第三条 岗位业绩考核以课题科研投入为基础，突出成果产出，结合课题组全体成员岗位系数总和确定课题组年度岗位业绩考核基础任务量。具体方法为：

（一）课题组岗位系数的核定：

课题组岗位系数为各成员岗位系数的总和。岗位系数参照《中国农业科学院兰州畜牧与兽药研究所工作人员工资分配暂行办法》和《中国农业科学院兰州畜牧与兽药研究所全员聘用合同制管理办法》，以课题组年度实际发放数量标准核算。

（二）课题组岗位业绩考核内容包括科研投入、科研产出、成果转化、人才队伍、科研条件和国际合作等，按照"中国农业科学院兰州畜牧与兽药研究所科研岗位业绩考核评价表"（见附件）进行赋分。课题组各成员取得的各项指标得分总和为课题组年度业绩量。

（三）年度单位岗位系数的确定：

年度单位岗位系数根据年度总任务量确定。

（四）课题组年度业绩考核基础任务量的确定：

课题组岗位系数 = 课题组各成员岗位系数的总和 × 年度单位岗位系数。

第四条 年初按照岗位系数确定创新团队或课题组年度岗位业绩考核基础任务量，进入中国农业科学院农业科技创新工程的创新团队的任务量在基础任务量的基础上提高20%。对超额完成年度岗位业绩考核基础任务量超额部分给予绩效奖励数200%的奖励；对未完成年度岗位业绩考核基础任务量的课题组，按照未完成量的200%给予扣除。

第五条 课题组指具有相对稳定合理的人才梯队组成，有明确的学科研究方向，并承担相应科研任务的科研人才团队，实行课题组长负责制。组长是课题组学科研究团队的首席专家，对团队的学科研究方向、人员组成与工作分工、绩效奖励分配等负责。课题组成员一般不少于3人，课题组及成员信息需报科技管理处备案。连续两年未完成年度岗位业绩考核基础任务量的课题组，将责令其解散。

第六条 课题组年度《科研人员岗位业绩考核评价表》由课题组长组织填报，科技管理处、党办人事处等相关部门审核后作为年度岗位绩效奖励的依据。

第七条 经研究所批准脱产参加学历教育、培训、公派出国留学等人员的岗位绩效奖励按照实际工作时间进行核算奖励。

第八条 本办法自2014年11月13日所务会议通过并于2015年1月1日开始实施。原《中国农业科学院兰州畜牧与兽药研究所科研人员岗位业绩考核办法》（农科牧药办〔2014〕34号）同时废止。

第九条 本办法由科技管理处和党办人事处负责解释。

附件：中国农业科学院兰州畜牧与兽药研究所科研人员岗位业绩考核评价表

中国农业科学院兰州畜牧与兽药研究所科研人员岗位业绩考核评价表

序号	一级指标	二级指标	统计指标	分值标准	内容	得分
1	科研投入	科研项目	国家、省部、横向等项目（单位：万元）	0.067		
2			基本科研业务费、创新工程经费（单位：万元）	0.025		
3	科研产出	获奖成果	国家最高科学技术奖	100		
4			国家级二等奖	30		
5			省部级特等奖	25		
6			省部级一等奖	16		
7			省部级二等奖	8		
8			省部级三等奖	4		
9			院特等奖	16		
10			院一等奖	8		
11			院二等奖	4		
12		认定成果与知识产权	国审农作物新品种	8		
13			省审农作物新品种	4		
14			家畜新品种	40		
15			一类新兽药	30		
16			二类新兽药	10		
17			三类、四类新兽药、国家审定遗传资源	4		
18			国家标准	2		
19			行业标准	1		
20			发明专利	2		
21			其他专利、软件著作权	0.4		
22			植物新品种权	2		
23			验收（评价）成果	1		
24			饲料添加剂新产品证书	1		
25		论文著作	院选顶尖 SCI 核心期刊发文数	15		
26			院选 SCI 核心期刊发文数	4		
27			其他 SCI/EI 期刊发文数	1		
28			院选中文核心期刊发文数	0.4		
29			其他中文期刊发文数	0.2		
30			专著	4		
31			编著	2		
32			译著	2		

（续表）

序号	一级指标	二级指标	统计指标	分值标准	内容	得分
33	成果转化	成果经济效益	科技产业开发纯收入（单位：万元）	0.067		
34			技术转让纯收入（单位：万元）	0.067		
35	人才队伍	高层次人才	国家级人才	20		
36			省部级人才	10		
37		人才培养	硕士研究生毕业数	0.2		
38			博士研究生毕业数	0.4		
39			博士后出站数	1		
40	科研条件	科技平台	国家级平台	10		
41			省部级平台	4		
42			院级平台	2		
43	国际合作	国际合作经费	当年留所国际合作经费总额（单位：万元）	0.2		
44		国际合作平台	国际联合实验室	2		
45			国际联合研发中心	2		
46			科技示范基地	4		
47			引智基地	2		
48			科技合作协议	1		
49		国际人员交流	请进部级、校级以上代表团	4		
50			派出、请进专家人数（3个月以上）	2		
51			派出、请进专家人数（3个月以下）	0.2		
52		国际会议与培训	外宾人数10～30人国际会议数（含10人）	2		
53			外宾人数30人以上国际会议数（含30人）	4		
54			举办国际培训班数（15人以上）（单位：班）	2		
55		国际学术影响	参加政府代表团执行交流、磋商、谈判任务数	1		
56			重要国际学术会议主题报告数	1		
57			知名国际学术期刊或国际机构兼职数	2		

1. 所领导、处长等管理人员及挂职干部科研工作量按其任务量的30%，研究室主任按90%、副主任95%核定；

2. 院科技创新工程科研团队人员工作量按基准系数的120%核算

六、中国农业科学院兰州畜牧与兽药研究所管理服务开发人员业绩考核办法

（农科牧药人字〔2014〕10号）

第一条　为全面、客观、公正地评价研究所管理服务开发人员的工作业绩，进一步调动管理服务开发人员的工作积极性，提高工作效率，特制定本办法。

第二条　管理服务开发人员业绩实行分类考核、定性与定量相结合的办法考核。

第三条　管理服务人员指由研究所聘任在管理、公益、后勤服务岗位上的工作人员，基地管理处工作人员，农业部动物毛皮及制品质量监督检验测试中心公益岗位工作人员。

第四条　研究所考核小组负责对管理服务部门工作业绩进行考核。

第五条　每年第四季度对本年度管理服务部门工作业绩进行考核，程序如下：

（一）考核小组对照部门工作年度计划内容，对各管理服务部门的工作完成情况进行考核，确定各部门业绩考核得分。该项考核得分占部门业绩考核得分的40%。

（二）以部门为单位在职工大会上报告工作完成情况，由全体参会职工对该部门工作进行考核打分。该项考核得分占部门业绩考核得分的30%。

（三）所领导根据部门工作完成情况对部门进行考核打分。该项考核得分占部门业绩考核得分的30%。

（四）将部门业绩考核得分、职工打分、所领导打分相加，即为各部门最终业绩考核得分。

（五）各部门业绩考核得分除以100，即为各部门考核业绩系数。

第六条　开发人员绩效奖励按照年度经济目标责任书，由所长办公会议研究决定。

第七条　农业部动物毛皮及制品质量监督检验测试中心公益岗位工作人员的绩效奖励，按中心年度检测收入，由所长办公会议确定，按照一定比例作为部门该部分人员的绩效奖励，由部门按照个人业绩进行分配。

第八条　职能管理部门、后勤服务中心、基地管理处人员的绩效奖励与科研人员绩效奖励挂钩，实行总量控制，由所长办公会议研究确定各岗位人员绩效奖励标准。

第九条　所领导绩效奖励与全所职工的绩效奖励挂钩，正所级领导的绩效奖励为全所职工绩效奖励平均数的3倍，副所级领导的绩效奖励为全所职工绩效奖励平均数的2倍。

第十条　本办法自2014年3月10日所务会议通过之日起执行。

七、中国农业科学院兰州畜牧与兽药研究所科研经费信息公开实施细则

（农科牧药党〔2014〕10号）

为进一步加强研究所科研经费管理，规范科研经费使用，提高资金使用效益，根据《中国农业科学院科研经费信息公开管理办法》规定，结合研究所实际，制定本实施细则。

第一章　总则

第一条　本细则要求公开的科研经费信息是指：除有特殊规定不宜公开的科研课题（项目）经费外，由研究所分配和使用的科研经费信息。

第二条　研究所对各级财政或非各级财政资助的科研经费信息公开，均按照本实施细则实施。

第三条　研究所是信息公开的责任主体，应坚持客观真实、注重实效的原则，组织实施科研经费信息公开工作。

第四条　信息公开前，研究所办公室、科技管理处依照国家保密法律法规和有关规定对拟公开的信息进行保密审查，涉及国家秘密技术的，按国家秘密技术保护有关法律法规执行。涉及商业秘密、知识产权、个人信息的关键词用"＊"替代，确保公开的信息不泄密。

第二章　公开范围和内容

第五条　向全所职工公开的科研经费信息包括：

（一）全年各项科研经费信息。公开内容包括：主持人、课题（项目）名称、立项部门与合同金额等。

（二）立项信息。公开内容包括：课题（项目）名称、实施期限、主持人和成员、获得成果、经费结算情况、验收时间、验收组织单位、验收组成员和结题验收意见等。

第六条　向所领导班子成员、财务管理、科研管理和纪检监察部门负责人公开的科研经费信息包括：课题（项目）经费使用的过程信息、课题（项目）组科研副产品收入及处置信息。

过程信息公开内容主要包括：预算调整情况、试剂耗材费、会议费、劳务费、专家咨询费、出国（境）费、大型仪器设备采购、外拨经费等详细信息。

第七条　课题主持人向课题（项目）组成员公开的科研经费包括：本课题（项目）分配和使用的全部科研经费，科研副产品收入及处置情况。

第三章　公开形式和期限

第八条　科研经费信息可采取提供查询、电子邮件、公告栏、文件传阅、会议通报等多种形式公开。

第九条　全年各项科研经费信息在每年 3 月底前公开；课题（项目）的立项信息在研究所收到签定完毕的课题（项目）任务书后 1 个月内公开；结题验收信息在课题（项目）验收工作结束后 1 个月内公开；过程信息至少每季度公开一次。

第十条　所有科研经费信息公开的时间，均不得少于 1 个月。

第四章　管理和责任追究

第十一条　向全所职工公开的科研经费信息由科技管理处负责；向所领导班子成员、财务管理、科研管理和纪检监察部门负责人公开的科研经费信息以及过程信息等由条件建设与财务处负责；向课题（项目）组成员公开的科研经费信息由课题主持人负责。

第十二条　研究所建立科研经费信息公开的反馈机制。纪检部门应加强对科研经费信息公开的监督检查。对职工的质疑和合理要求，协调有关部门做出解释说明。涉及重要事项和重大问题的，领导班子集体讨论研究解决。

第十三条　对未按规定进行科研经费信息公开的课题（项目），由科技管理部门、纪检部门将给予提醒，或由研究所通报批评，并责令整改。

第十四条　本细则自 2015 年 1 月 1 日起实施。

八、中国农业科学院兰州畜牧与兽药研究所"三重一大"决策制度实施细则

（农科牧药党〔2014〕7 号）

为全面贯彻落实党的十八大精神及中共中央关于凡属重大决策、重要干部任免、重大项目安排和大额度资金的使用（以下简称"三重一大"）必须由领导班子集体做出决定的要求，按照中国农业科学院党组加快建设"定位明确、法人治理、管理高效、开放包容、评价科学"的现代科研院所制度的部署，加快建立健全重大事项决策规则和程序，防范决策风险，推进决策的科学化、民主化，根据《中国农业科学院"三重一大"决策制度实施办法》，结合研究所实际，制定本办法。

一、"三重一大"决策基本原则

（一）坚持和完善民主集中制，按照集体领导、民主集中、个别酝酿、会议决定的原则，凡属职责范围内的"三重一大"事项，都应充分发扬民主，由领导班子集体做出决定。

（二）凡属"三重一大"事项，除遇重大突发事件和紧急情况外，应以所党委会、所务会、办公会形式讨论决定，不得以传阅、会签和个别征求意见等方式代替集体决策。

二、"三重一大"事项范围

（一）重大决策事项，是指事关我所改革、发展、稳定和干部职工切身利益的重要事项，主要包括：

1. 贯彻落实党中央、国务院的重大部署和农业部、中国农科院指示的重要事项；

2. 向上级部门请示或报告的重要事项和重要决策建议；

3. 全所改革发展的重大问题；

4. 研究所科技创新工程实施中的重大事项；

5. 全所改革发展有关综合规划、中长期规划、科技发展规划、专项规划、年度计划、财务预决算方案等；

6. 全所党的建设、党风廉政建设、精神文明建设和思想政治工作等重要事项；

7. 研究所出租、出借土地资产以及国有资产处置事项；

8. 研究所重要规章制度的制订、修改和废除；

9. 研究所机构设置、职能、人员编制等事项；

10. 涉及研究所广大干部职工切身利益和生活福利的重要事项。

（二）重要干部任免事项，是指研究所管理的领导干部任免及其他重要人事安排事项，主要包括：

1. 推荐所级后备干部人选；

2. 任免中层干部；

3. 推荐党代会代表、人大代表、政协委员候选人；

4. 所级以上各类荣誉授予人选决定和推荐；

5. 其他重要人事事项。

（三）重大项目安排事项，是指对研究所科技创新和建设发展产生重要影响的重大科研项目及投资项目的安排事项，主要包括：

1. 设立重大科研项目和对外合作项目；

2. 申报中央财政资金专项，投资规模在 500 万元以上；

3. 使用自有资金，投资规模在 10 万元以上。

（四）大额度资金使用事项，是指超过所长有权调动、使用的资金限额的资金调动和使用，主要包括：

1. 预算内 10 万元以上的资金使用和财政不可预见费的使用；

2. 2 万元以上捐赠、赞助；

3. 其他需要集体讨论决定的大额度资金使用事项。

三、"三重一大"决策程序

（一）酝酿决策阶段

1. "三重一大"事项决策前，必须进行广泛深入的调查研究，充分听取各方面意见；对专业性、技术性较强的事项，必须进行专家论证、技术咨询、决策评估。

2. 重大科技项目、科技发展规划和涉及学术问题的重要事项等，决策前应提交研究所学术委员会论证或审议。

3. 重要干部任免事项，要严格执行《党政领导干部选拔任用工作条例》《农业部干部任用工作规定》《中国农业科学院党政领导干部选拔任用工作规定》和研究所有关规定和工作程序。

4. 涉及广大干部职工切身利益和生活福利的规章制度和重大事项，决策前应通过研究所职工代表大会或其他有效形式充分听取干部职工的意见和建议。

5. "三重一大"事项决策前，所领导班子成员可通过适当形式对有关议题进行充分酝酿，但不得做出决定。

6. 提请所党委会、所务会、办公会决策的"三重一大"事项议题，应遵照研究所有关规定和程序，提前以书面形式送达相应参会人员，做好会前沟通，保证有足够时间了解和思考相关问题。

除遇重大突发事件和紧急情况外，不得临时动议。

（二）集体决策阶段

1. "三重一大"事项决策会议必须符合规定人数方可召开。所党委会、所务会必须有 2/3 以上成员到会。

2. 研究讨论"三重一大"事项，应当坚持一事一议，一事一决。与会人员要充分讨论，对决策建议分别表示同意、不同意或缓议的意见，并说明理由。主持会议的主要领导同志应在班子其他成员充分发表意见的基础上，最后发表意见。意见分歧较大或者发现有重大问题尚不清楚时，除紧急事项外，应当暂缓做出决定，待进一步调研或论证后再作决定。

3. 会议决定"三重一大"事项遵循少数服从多数原则，采取口头、举手或无记名投票等方式进行表决。讨论决定干部任免事项，一律采取无记名投票方式。

赞成人数超过应到会人数的 1/2 为通过，未到会成员的书面意见不计入票数。

4. "三重一大"事项决策情况，包括决策参与人、决策事项、决策过程、班子成员发表的意见、理由、表决结果、决策结果等内容，应当以会议通知、会议议程、会议记录、会议纪要等书面形式完整详细记录，与投票实样等资料一并立卷归档备查，并做出明确标识。

（三）执行决策阶段

1. "三重一大"事项经所领导班子集体决策后，由班子成员按分工和职责组织实施。遇有分工和职责交叉的，由所领导班子明确一名成员牵头。

2. 班子成员不得擅自改变集体决策。对集体决策有不同意见的，可以保留，可按组织原则和规定程序反映，但在没有做出新的决策前，应无条件执行。

3. 集体决策确需变更的，应由所领导班子重新做出决策；如遇重大突发事件和紧急情况做出临时处置的，必须在事后及时向所领导班子报告，未完成事项如需所领导班子重新做出决策的，经再次决策后，按新决策执行。

四、"三重一大"决策监督保障

（一）所领导班子成员应带头执行"三重一大"制度，根据分工和职责及时向领导班子报告"三重一大"事项执行情况。

（二）领导班子及成员执行"三重一大"制度的情况，纳入述职述廉和党风廉政建设责任制考核的重要内容。

（三）除涉密事项外，研究所"三重一大"决策事项应依照《中国农业科学院兰州畜牧与兽药研究所政务公开工作实施方案》规定程序和方式，在相应范围内及时公开。

五、"三重一大"决策责任追究

有下列情形之一的，应根据事实、性质及情节追究责任。情节轻微的，对责任人给予批评教育、诫勉谈话，并限期纠正；情节严重、造成恶劣影响和重大损失的，应依法依纪追究相关责任人的责任。

（一）不按规定履行"三重一大"事项决策程序的；

（二）擅自改变或不执行领导集体决定的；

（三）未经领导集体研究决定而个人决策，事后又不通报的；

（四）未向领导集体提供全面、真实情况，造成错误决定的；

（五）弄虚作假，骗取领导集体做出决定的。

六、附则

本办法自 2014 年 6 月 25 日所务会通过之日起执行。

九、中国农业科学院兰州畜牧与兽药研究所干部人事档案管理办法

（农科牧药人〔2014〕26号）

第一章　总则

第一条　为进一步加强研究所干部人事档案管理工作，推进干部人事档案工作的制度化、规范化建设，根据《中华人民共和国档案法》《干部档案工作条例》《农业部干部人事档案管理办法》，结合本所实际，制定本管理办法。

第二条　在人事档案管理工作中，必须严格贯彻执行党和国家有关档案保密的法规和制度，确保档案的完整与安全。

第三条　本办法适用于研究所职工档案管理工作。

第二章　管理范围

第四条　干部人事档案按照干部管理权限进行管理。

第五条　职工退（离）休后，其档案由研究所保管。

第六条　职工出国（境）不归、失踪、逃亡以后，其档案由研究所保管。

第七条　职工退职、自动离职后，其档案由研究所保管。辞职、辞退（解聘）的，其档案转至有关的组织、人事部门保管，不具备保管条件的，转至人才交流服务中心保管。

第八条　人事档案管理人员、人事部门负责人及其在本单位的直系亲属的档案，由研究所主要领导负责保管。

第三章　收集归档

第九条　人事档案材料形成部门，必须按照有关规定规范制作干部人事档案材料，建立档案材料收集归档机制，在材料形成之日起一个月内按要求送交干部人事档案管理部门并履行移交手续。

第十条　为了使人事档案能够适应工作的需要，要经常通过有关部门收集干部任免、调动、考察考核、培训、奖惩、职务职称评聘、工资待遇等工作中新形成的反映职工德、能、勤、绩的材料，充实档案内容。

第十一条　成套档案材料必须齐全完整，缺少的档案材料应当进行登记并及时收集补充。

第十二条　干部人事档案管理部门，必须严格审核归档材料，重点审核归档材料是否办理完毕，是否对象明确、齐全完整、文字清楚、内容真实、填写规范、手续完备。

第十三条　归档材料一般应为原件。证书、证件等特殊情况需用复印件存档的，必

须注明复制时间，并加盖公章。

第十四条 干部人事档案的归档范围严格按照《农业部干部人事档案管理办法》（农办人〔2011〕32号）规定执行。

第十五条 干部人事档案材料的载体使用16开型或国际标准A4型的公文用纸，材料左边应当留有20－25毫米装订边。归档材料必须为铅印、胶印、油印、打印或者用蓝黑、黑色墨水、墨汁书写。

第四章　保管与利用

第十六条 按照安全保密、便于查找的原则对干部人事档案进行保管。

第十七条 干部人事档案保存应有坚固、防火、防潮的专用档案库房，配置铁质的档案柜。库房内应保持清洁、整齐和适宜的温湿度。

第十八条 档案卷皮、目录和档案袋的样式、规格实行统一的制作标准。

第十九条 干部人事档案应建立档案登记和统计制度。每年全面检查核对一次档案，发现问题及时解决。

第二十条 查阅干部人事档案时，查阅部门应填写《查（借）阅干部人事档案审批表》（附后），经部门负责人签字，主管所领导审批后方可查阅。

第二十一条 查借阅干部人事档案人员必须严格遵守以下纪律：

（一）任何人不得查阅本人及其有夫妻关系、亲属关系的干部档案。

（二）查借阅人员必须严格遵守保密制度，不得泄露或擅自对外公布干部档案内容。

（三）查借阅人员必须严格遵守阅档规定，严禁涂改、圈划、污损、撤换、抽取、增添档案材料，未经档案主管部门批准不得复制档案材料。

第五章　档案转递

第二十二条 干部人事档案应严密包封，通过机要交通渠道转递或派专人传送，不准邮寄或交本人自带。如外单位派专人来提取，必须持组织或人事部门出具的介绍信，一般介绍不予办理。

第二十三条 转出档案必须按规定认真整理装订，确保档案内容完整齐全。

第二十四条 转递档案必须制作档案转递单，收到档案经核对无误后，在档案转递单回执上签名盖章并将回执退回。逾期一个月未退回者，转出单位应及时催问，以防丢失。

第二十五条 干部辞职、辞退（解聘）以后，应及时将其档案转出。

第六章　附则

第二十六条 本办法自2013年12月10日所务会议通过之日起执行。

十、中国农业科学院兰州畜牧与兽药研究所博士后工作管理办法

（农科牧药人〔2014〕27 号）

第一章　总则

第一条　为了规范和加强我所博士后管理工作，促进我所博士后工作健康发展，根据《中国农业科学院博士后工作管理办法》和《中国农业科学院博士后工作补充规定》等文件精神，结合我所实际，特制定本办法。

第二条　博士后管理工作坚持"公开、平等、竞争、择优"的原则，注重提高质量，不断扩大规模，健全完善制度，以保证科技创新工作的需要。

第二章　管理机构

第三条　研究所成立博士后工作领导小组，由所领导、党办人事处和科技管理处负责人、2~3 名专家组成，主要负责本所博士后的招收、在站管理、考核及出站等工作。

第四条　成立考核专家组（由 5~9 人组成，其中至少 1 名院外同行专家），负责审定招收博士后的研究课题，指导、检查、考核博士后人员的学术、科研工作。

第五条　党办人事处负责博士后的日常管理工作；科技管理处、条件建设与财务处和后勤服务中心等部门配合做好有关管理和服务工作。

第三章　博士后招收

第六条　招收博士后的合作导师资格

1. 在国内本学科领域内具有一定影响和学术地位，并主持国家级科研项目或课题的在岗博士生导师；

2. 科研经费充足，有条件为博士后提供必要的经费支持。

第七条　合作导师职责

1. 确定博士后研究计划，商定博士后研究课题，审查其开题报告，并制定科研目标、任务和考核指标；

2. 定期检查指导博士后科研工作，确保博士后顺利完成研究课题，并取得预期的研究成果；

3. 审核博士后各类科研基金的申请；

4. 配合人事部门做好博士后的各类考核工作；

5. 做好博士后的日常管理，关心博士后生活。

第八条　博士后申请资格

1. 具有博士学位，热爱农业科研事业，具有科研创新能力和团队协作精神；

2. 品学兼优，身体健康，年龄一般在 40 周岁以下；

3. 在职人员申请博士后必须全脱产；

4. 在我院获得博士学位人员不得在我院同一个一级学科从事博士后研究工作。

5. 须在近三年内以第一作者发表 SCI、EI、CPCI - S、SSCI 或 CSSCI 收录学术研究论文 1 篇，或在中文核心期刊发表学术研究论文 2 篇。

第九条　博士后进站程序

1. 招收计划。每年 9 月底前，确定各合作导师下一年度博士后招收计划。

2. 公布计划。党办人事处于每年 10 月底前向中国农业科学院博管会办公室报送下一年度博士后招收计划，经中国农业科学院博管会批准后统一公布。

3. 个人申请。申请人根据公布的博士后招收信息，向研究所提交申请材料和个人简历。研究所全年受理博士后进站申请。

4. 研究所考核。我所博士后工作领导小组对拟进站博士后采取报告与答辩的方式进行考核，主要对申请进站者的思想品质、科研能力、学术水平、科研成果、研修计划、综合素质等进行考核，确定拟招收人员。

5. 网上审核。拟招收人员于每季度第二个月的月底前，通过中国博士后网提交相关进站材料，由党办人事处进行网上审核。

6. 院博管办审核。党办人事处进行网上审核后，将相关材料于每季度末月 10 日前上报中国农业科学院博管会办公室。中国农业科学院博管办公室审核通过后，发放录用通知书。

7. 进站。申请人通过中国博士后网进行预约并到人社部博士后管理部门办理审批手续后，持录用通知书到研究所报到，并与研究所签订《中国农业科学院博士后工作协议书》。

第十条　申请进站需提交的材料

1. 《博士后申请表》；

2. 《中国农业科学院博士后进站申请表》；

3. 两封专家推荐信（须含本人的博士导师推荐信一份）；

4. 《博士后科研流动站设站单位学术部门考核意见表》；

5. 《博士后进站审核表》；

6. 博士学位复印件或博士论文答辩决议书（须加盖博士毕业学校研究生院学位办公章）；

7. 《中国农业科学院博士后工作协议书》；

8. 体检表（县级以上医院）；

9. 由申请者所在单位组织人事部门出具的政审鉴定材料；

10. 身份证复印件；

11. 留学归国人员须提交我驻外使馆教育处提供的证明信；

12. 在职博士后应提交所在单位同意其脱产从事博士后研究工作的证明材料。

第四章　在站管理

第十一条　博士后进站两周内，须与研究所签订《博士后工作协议书》，并报中国农业科学院管会办公室备案。进站半年内，持答辩决议书进站的博士后须将本人博士学位证书或《国外学历学位认证书》（在境外获得博士学位的博士后，由教育部留学服务中心开具）提交党办人事处审核。未取得相应证书的，按退站处理。

第十二条　博士后纳入研究所人事管理。博士后在站工作期间，计算工龄，不占研究所编制。

第十三条　博士后进站时，研究所负责统分博士后的人事档案调入和管理。为在职博士后建立博士后期间档案。为进站的应届博士毕业生办理专业技术职务初聘手续（初聘时间可从进站之日起计算）。符合高级专业技术职务申报条件的统分博士后，在离站前可参加中国农业科学院高级专业技术职务任职资格评审，评审条件严格按照在职人员标准执行。

第十四条　统分博士后进站报到后，纳入院博士后专户管理。

第十五条　博士后在站期间，不能申请到国外做博士后研究和进修。根据研究项目需要，研究所可安排其出国参加国际学术会议或进行短期学术交流，也可以短期出国进行合作研究和实验工作，时间一般不超过 3 个月。学术交流结束后，应按期回所，并将护照交党办人事处管理，逾期不交者，于次月起停发工资、各项津贴和奖金。

第十六条　博士后进站 1 年后，组织考核专家组对其进行中期考核。由博士后本人填写《博士后人员中期考核表》，并向专家组汇报个人科研工作进展情况和下一步工作计划。专家组依据《博士后工作协议书》规定，对博士后研究人员一年来科研工作的进展、敬业精神、科研能力及存在的问题等方面进行考察评估。

第十七条　研究所对统分博士后、人事档案关系转入我所的在职博士后进行年度考核，考核合格后办理工资晋档手续。

第十八条　博士后在站期间，须服从研究所管理，遵守各项规章制度，参加政治学习和业务活动。党、团员应参加党、团的组织生活。

第五章　出站与退站

第十九条　申请出站须满足的条件

博士后申请出站除须完成《博士后工作协议书》上的要求外，还须在博士后研究期间满足下列条件之一：

1. 以第一作者（共同第一作者需排名第一）或唯一通讯作者，以我所为第一单位发表（或录用）累计影响因子 2.0 以上的 SCI、EI、SSCI 源刊物的学术论文；或以共同第一作者中的第二作者，以我所为第一单位发表（或录用）累计影响因子 5.0 以上的 SCI、EI、SSCI 源刊物的学术论文；

2. 以我所为完成单位，获得省部级科技奖励三等奖以上（国家级一等奖完成人、国家级二等奖及省部级一等奖的前 10 名完成人、省部级二等奖的前 8 名完成人、省部级三等奖的前 5 名完成人，以一级证书为准）；

3. 以我所作为专利权人，获得国家发明专利两项以上（排名前 2 名）；

4. 以第一作者出版本学科创新性专著 1 部以上，或提出重大政策建议（报告）1 项以上（有部级及以上领导具体批示）；

5. 从事技术创新工作，通过成果转让为研究所创造直接经济效益达到 50 万元（以财务部门证明为准）。

第二十条　出站考核

1. 博士后工作期满，须向研究所提交博士后出站申请和在站期间工作总结等书面材料；

2. 研究所组织考核专家组进行出站考核；

3. 博士后作出站报告，汇报自己的工作情况，介绍已取得的主要科研成果；

4. 评审小组根据《博士后工作协议》以及博士后出站条件，对博士后在站期间的科研工作、个人表现等进行考核评定。考核结果分为优秀、合格、不合格三个等次，满足博士后出站标准中任意一项，可认定为"合格"；否则认定为"不合格"，按退站处理，不予发放博士后证书；

第二十一条　出站考核合格的博士后，向研究所提交相关材料，由研究所审核无误后报送中国农业科学院博管会办公室审核。

第二十二条　博士后出站需提交以下材料

1.《博士后研究人员工作期满登记表》；

2.《博士后研究人员工作期满业务考核表》；

3.《博士后研究人员工作期满审批表》；

4.《博士后期满出站科研工作评审表》；

5.《博士后研究报告》；

6.《中国博士后科学基金资助金项目总结报告》；

7.《用人单位接收函》；

8.《离站手续清单》。

第二十三条　中国农业科学院博管会办公室审核无误后，发放《博士后证书》，博士后持《博士后证书》和相关材料到人社部博士后管理部门办理出站手续。

博士后工作期满出站，除有协议的以外，其就业实行双向选择、自主择业。

第二十四条　博士后在站期间，因个人原因不适宜继续做博士后研究工作，或申请不继续做博士后研究工作的，根据合作导师要求或本人申请并经研究所同意，由中国农科院博管会办公室审核并报人社部博士后管理部门批准后办理退站手续。

第二十五条　博士后在站期间，有下列情形之一的，应予退站

1. 考核不合格的；

2. 在学术上弄虚作假，影响恶劣的；

3. 受警告以上行政处分的；

4. 无故旷工连续 15 天或 1 年内累计旷工 30 天以上的；

5. 因患病等原因难以完成研究任务的；

6. 未经同意出国逾期不归超过 30 天的；

7. 其他情况应予退站的。

第二十六条　退站人员不再享受国家对期满出站博士后规定的相关政策，其户口和档案一律迁回生源地。

第二十七条　在站时间规定

1. 博士后在站工作时间为 2 年，一般不超过 3 年。承担国家重大项目，获得国家自然科学基金、国家社会科学基金等国家基金资助项目或中国博士后科学基金特别资助项目的博士后，可根据项目和课题研究的需要适当延长在站时间。延期期限为 6 个月，申请延期次数最多两次。

2. 如需延长在站时间的博士后，须由本人提交延期申请，经研究所同意后，报中国农业科学院博管会审批。

3. 到期未申请延期、延期未得到批准或延期到期的博士后，应及时办理出站或退站手续。逾期 1 个月不办理者，按自动退站处理。

第二十八条　若博士后提前完成了研究工作并达到了出站要求，经本人申请，合作导师同意，所博士后工作领导小组审核，院博管办批准，可以提前出站，但在站工作期限应不少于 21 个月。

博士后本人须提前 1 个月将《提前出站申请报告》提交所党办人事处，由党办人事处开具《提前出站情况说明》后，连同博士后本人的《提前出站申请报告》一并报院博管办审批。经院博管办批准提前出站的博士后，超过批准时间 1 个月仍未出站的，按自动退站处理。

第六章　附则

第二十九条　本办法由党办人事处负责解释。

第三十条　本办法自 2014 年 6 月 25 日所务会议通过之日起执行。如与院博士后管理办法不相符，按照院最新办法执行。

十一、中国农业科学院兰州畜牧与兽药研究所工作人员年度考核实施办法

（农科牧药人〔2014〕35 号）

为做好工作人员年度考核工作，客观、公正、实事求是地评价工作人员的德才表现和工作业绩，根据《中国农业科学院各类人员年度考核暂行规定》，结合研究所实际，制定本办法。

一、组织领导

（一）成立由所领导、各部门主要负责人组成的所考核领导小组，负责全所工作人员年度考核工作。

（二）考核领导小组依据有关规定制订年度考核实施细则，组织实施工作人员年度考核，研究审定工作人员考核结果，讨论工作人员对考核结果的复议申请等。

（三）所考核领导小组下设办公室，负责全所工作人员年度考核日常工作。所考核领导小组办公室挂靠所党办人事处。

二、考核范围

（一）本所在职正式工作人员均参加年度考核。

（二）有下列情况之一者不参加年度考核：

1. 全年病假累计超过 6 个月的；事假累计超过 3 个月的；或病假、事假累计超过 6 个月者（产假、工伤除外）；

2. 全年旷工时间累计超过 7 天的。

3. 出国逾期不归的。

4. 被立案审查尚未结案的。

5. 被判处管制或刑事处罚的。

6. 不服从工作分配和聘用的。

7. 其他。

三、考核等次及数量

考核结果分为优秀、良好、合格、不合格 4 个等次。中层干部优秀比例不超过应考核中层干部数的 30%，工作人员优秀人员比例不超过应考核人数的 13%，全所优秀人员比例不超过应考核人数的 15%。良好人员比例不超过应考核人数的 20%。

四、考核办法

（一）部门负责人的考核结果由所领导班子考核确定。

（二）部门工作人员的考核，由党办人事处根据工作人员优秀、良好比例及部门工作人员数量，确定各部门可推荐优秀、良好名额（包括直接确定为优秀者），各部门据此推荐优秀、良好候选人，由所考核领导小组会议研究确定各层次职工考核结果。

五、几项具体规定

（一）有下列情况之一者，可以直接确定为优秀：

1. 获得国家级和省部级一等奖以上成果的第一完成人，或取得国家新品种、国家

一类新兽药的第一完成人；

2. 在 SCI 刊物上发表论文单篇影响因子 5.0 以上，或者年内发表 SCI 论文影响因子合计 10.0 以上的第一作者；

3. 其他有突出贡献者。

（二）有下列情况之一者，直接确定为合格：

1. 经组织批准办理内部退养的；

2. 经组织批准脱产攻读学位的。

（三）有下列情况之一者，可以确定为不合格：

1. 受到党内警告、行政记过以上处分，未撤销处分且时间不满一年的。

2. 由于个人原因造成责任事故，给单位造成经济损失 1 万元以上的。

3. 违反国家法律、法规及所内规章制度，造成不良影响或被处罚的。

4. 在科研及业务工作中剽窃他人成果或弄虚作假的。

5. 有侵犯我所名誉、知识产权行为的。

6. 泄露我所商业、技术秘密，丢失技术资料档案的。

7. 无正当理由不服从组织安排工作的。

8. 全年旷工时间累计超过 3 天的。

9. 出国逾期不归的。

（四）有下列情况之一者，不能评为优秀等次

1. 全年事假累计超过 15 天，病假累计超过 30 天，病事假累计 20 天。

2. 未按合同完成工作任务的。

3. 待岗期超过半年的。

4. 课题结题后半年无课题或无工作任务的。

5. 无理取闹、严重影响工作的。

（五）下列人员的考核按以下规定办理：

1. 新录（聘）用人员，在试用期未满期间，只参加年度考核，写出评语，不确定等次，不作为正常考核年限计算，只作为试用期满转正定级的依据。正式定级的当年按正常考核对待。

2. 调入、科技扶贫和外派人员的年度考核由所考核领导小组在征求原、现工作单位意见的基础上写出评语，确定考核等次。

六、考核结果以文件形式通知各部门

如被考核人对考核结果有异议，在接到文件的五日内可向所考核领导小组书面申请复议。经复议后，仍维持原考核意见的，本人应当服从。

七、考核结果的使用

（一）在年度考核中被确定为优秀等次的，按下列规定办理：

1. 按照规定晋升工资。

2. 按"院技术职务评聘规范"规定，3 年连续优秀优先晋升技术职务。

3. 按规定优先评定工人技术等级。

4. 优先续聘，并作为高聘的条件之一。

5. 按照研究所奖励办法给予奖励。

（二）在年度考核中被确定为良好和合格等次的，按下列规定办理：

1. 按照规定晋升工资。

2. 按照规定执行其待遇。

3. 按规定晋升技术职务。

4. 根据工作需要进行续聘。

（三）在年度考核中被确定为不合格等次的，按下列规定办理：

1. 按照有关规定不予晋升薪级工资，不晋升技术职务。

2. 扣发全部绩效工资，岗位津贴按研究所有关工资管理办法执行。

3. 解聘现任岗位，连续三次年度考核不合格者予以辞退。

八、本办法自 2014 年 11 月 13 日所务会议通过之日起执行，由党办人事处负责解释。

第七部分　大事记

● 1月6日，研究所承担的农业部公益性（农业）行业科研专项"牧区饲草饲料资源开发利用技术研究与示范"项目年度工作会在兰州举行。

● 1月9日，研究所召开离退休职工迎春茶话会。

● 1月23日，研究所召开传达中国农业科学院2014年工作会议精神暨2013年工作表彰大会，贯彻落实院2014年工作会议和党风廉政建设工作会议精神，总结研究所2013年工作，表彰先进集体和个人。

● 1月23日，研究所主持的"十二五"国家科技支撑计划"甘肃甘南草原牧区'生产生态生活'保障技术集成与示范"项目年度工作总结交流会在兰州召开。

● 2月12日，研究所主持完成的"农牧区动物寄生虫病药物防控技术研究与应用"项目荣获2013年度甘肃省科技进步一等奖；"非解乳糖链球菌发酵黄芪转化多糖的研究与应用"项目获得2013年度甘肃省科技进步三等奖。

● 2月17日，研究所召开党的群众路线教育实践活动总结大会。

● 2月18日，依托于研究所建设的"甘肃省中兽药工程技术研究中心"通过甘肃省科技厅验收。

● 2月21日，研究所组织全体职工进行了《科研经费管理知识50问》答题活动。

● 3月1~2日，由研究所主持的国家公益性行业（农业）科研专项"中兽药生产关键技术研究与应用"2013年工作总结交流会在广州召开。

● 3月5日，为纪念毛泽东同志"向雷锋同志学习"题词发表51周年，研究所开展了学雷锋志愿服务活动。

● 3月7日，研究所组织在职女工、在所女学生举行庆祝三八妇女节登山比赛活动。

● 3月11日，研究所获得2013年甘肃省联村联户为民富民行动优秀单位称号。

● 3月13日，研究所第四届职工代表大会第三次会议在综合实验楼会议厅召开。

● 3月17日，中国农业科学院刘旭副院长到研究所调研。

● 3月27~28日，杨志强研究员、张继瑜研究员赴北京参加中国农业科学院第七届学术委员会第四次会议。我所申报的"重金属镉/铅与喹乙醇抗原合成、单克隆抗体制备及ELISA检测技术研究"获中国农业科学院基础研究二等奖。

● 4月1日，刘永明书记参加兰州市总工会第十五届十次全委会议。

● 4月2日，中国农业科学院兰州畜牧与兽药研究所专利申请量位居甘肃省第一。

● 4月9日，研究所举办了留学生及荷兰客座学生学术研讨会。

● 4月10日，杨志强所长在北京参加了甘肃省委常委、组织部长吴德刚，省政府副省长郝远一行到中国农业科学院调研座谈会。

● 4月10日，研究所召开党风廉政建设学习会议，传达贯彻农业部廉政建设警示教育大会精神。

● 5月6日，研究所新兽药"益蒲灌注液"科技成果成功转让河北远征药业有限公司。

● 5月6日，由中国农业科学院监察局林聚家副局长、解小惠处长、高于同志一行3人组成的科研经费信息公开课题调研组到研究所就科研经费信息公开情况进行了调研。

● 5月7日，中国农业科学技术出版社骆建忠社长及闫庆健主任到研究所就农业科技图书出版及信息宣传推广等事宜进行交流。

● 5月18日，研究所组织专家举行了2014届研究生毕业论文答辩会，16名应届毕业生顺利通过了学位论文答辩。

● 5月22日，湖北省农业科学院畜牧兽医研究所郭英所长及中药材研究所蔡芳副所长一行来所交流。

● 5月27～29日，中国农业科学院副院长李金祥率领院基建局、成果转化局等部门领导一行6人到所调研研究所条件建设工作。

● 6月4日，研究所召开理论学习中心组会议，专题学习十八届三中全会精神。

● 6月12日，四川北川大禹羌山畜牧食品科技有限公司董事长张鑫燚一行到研究所，就深入开展科技合作进行交流。

● 6月17日，研究所举办了2014年学术报告会。张继瑜研究员做了题为《凝练学科方向 推动创新发展》的学术报告。

● 6月20日，西南大学李学刚教授、曾忠良副教授、刘汉儒副教授一行来所就联合申报国家科技项目进行交流洽谈。

● 6月，研究所组织开展安全生产月活动。24日，组织开展了安全生产教育培训活动，集体观看了2014年全国安全生产月警示教育片—《2013安全生产事故典型案例盘点》。

● 6月28日至7月1日，杨志强所长一行5人前往内蒙古自治区蒙羊牧业股份有限公司等单位考察。

● 7月1日，为庆祝中国共产党成立93周年，研究所组织开展了"践行核心价值观，创新奉献谋发展"征文暨演讲活动。

● 7月6日，研究所承担的农业部"948"项目"六氟化硫示踪法检测牦牛藏羊甲烷排放技术的引进研究与示范"在兰州通过了农业部科教司组织的专家验收。

● 7月6日，中国农业科学院科技管理局陆建中副局长一行2人到研究所，就院科技创新工程实施和"十三五"科技发展战略研究等进行调研。

● 7月9日，研究所召开所理论学习中心组学习（扩大）会议，深入学习《国务院关于改进加强中央财政科研项目和资金管理的若干意见》。

● 7月11日，研究所研发的绿色安全新型中兽药"黄白双花口服液"（商品名称：热痢净）成功转让郑州百瑞动物药业有限公司。

● 7月13~23日，杨志强研究员、李建喜研究员、王学智副研究员等一行4人赴西班牙海博莱公司和马德里康普斯顿大学进行了访问。

● 7月16日，中国农业科学院党组书记陈萌山等一行4人到研究所调研科技创新团队建设情况。科技创新团队首席科学家分别向陈书记汇报了各自的工作进展。陈萌山书记指出：研究所近年来发展势头很好，科技创新团队的研究方向与产业需求相结合，科研、企业、基地创新相结合，创新机制已经形成，这符合国家发展需求，发展前景广阔。同时要求：研究所要立足自身特色，进一步加快学科和能力建设；成果培育和成果转让上要加快、加强，要在培育973等国家重大项目和科技成果孵化上下功夫；人才团队建设要有好办法；在建设服务型机关方面要有突破，要转变作风、理念和思路，解放思想、吃透精神、服务科研，更好地为科研工作服务。会后，陈萌山书记还登门看望了研究所老专家、老所长赵荣材研究员。

● 7月17日，中国农业科学院科技创新工程和科研经费管理宣讲会在研究所召开。院财务局局长刘瀛弢、院办公室副主任方放、院监察局副局长姜维民分别就科技创新工程实施要求、国发11号文件精神和科研经费使用失范案例进行了宣讲。兰州两所共130余人参加了会议。

● 7月18日，甘肃省科技厅副厅长郑华平、农村处副处长李新和郭清毅主任来所就研究所牵头申报的第二批国家科技计划项目"新丝路经济带少数民族地区畜产品优质安全技术与品牌创新模式研究"进行研讨论证。

● 7月18日，研究所标准化实验动物房实验动物使用许可证通过了甘肃省科技厅年检。

● 7月20~23日，由研究所承办的"中国畜牧兽医学会兽医药理毒理学分会2014年常务理事会"在甘肃省兰州市召开。

● 7月25日，研究所分别与德国畜禽遗传研究所和德国吉森大学签订了科技合作协议。在所期间，德国畜禽遗传研究所黑诺·尼曼教授做了题为"畜禽生物技术研究进展"的报告，吉森大学乔治·艾哈德教授做了题为"家畜乳蛋白多样性的研究"的报告。

● 7月29日，中国兽医药品监察所所长冯忠武、质量监督处处长高艳春、化药评审处处长段文龙、生药评审处赵耕副研究员一行4人来所调研。

● 7月，研究所自主培育出的"航苜1号紫花苜蓿"牧草新品种和"陇中黄花矾松"观赏草新品种通过甘肃省草品种审定委员会审定登记。

● 7月24日至8月2日，严作廷研究员和李宏胜研究员赴澳大利亚凯恩斯，参加第二十八届世界牛病大会。

● 8月5日，研究所承建的甘肃省中兽药工程技术研究中心通过了由甘肃省科技厅组织的现场评估。

● 8月14日，中国农业科学院草原所党委书记王育青等一行5人来所调研。

● 8月20日，中国农业科学院科技创新工程绩效任务书签约仪式暨绩效管理研讨会在北京举行。杨志强所长代表研究所与农业部副部长、院长李家洋签订了《创新工程绩效管理任务书》。

● 8月22日，兰州市爱国卫生运动委员会办公室主任金俊河一行5人来所，就申报省级卫生单位进行了考核验收。

● 8月27～28日，中国农业科学院党组副书记、副院长唐华俊到研究所调研科技创新工程试点工作进展情况和基地建设工作。

● 8月28日，研究所承建的甘肃省新兽药工程重点实验室和甘肃省牦牛繁育工程重点实验室通过了甘肃省科技厅组织的现场评估。

● 8月28～30日，由研究所主办，主题为"牦牛产业可持续发展"的第五届国际牦牛大会在兰州召开。中国农业科学院院党组副书记、副院长唐华俊、甘肃省科技厅厅长李文卿、国际山地综合发展中心副总干事艾科拉亚·沙马、德国牦牛骆驼基金会主席霍斯特·尤金·吉尔豪森、吉尔吉斯斯坦阿迦汗基金会首席执行官卡尔·格佩特、中国农业科学院国际合作局局长张陆彪、西北民族大学副校长何烨出席开幕式。来自中国、德国、美国、印度、尼泊尔、巴基斯坦、瑞士、不丹、吉尔吉斯斯坦、塔吉克斯坦等10多个国家的200多位专家学者和企业家参加了此次会议。会议还安排了与会代表赴青海考察大通牦牛新品种。

● 9月1日，不丹农业林业部主管扎西·桑珠教授一行6人到研究所访问。扎西·桑珠以《不丹的畜牧业发展和研究》为题做了报告。

● 9月15日，江西九江博莱农业集团唐进波董事长一行3人来到研究所，就开展科技合作进行交流。

● 9月20日，研究所与澳大利亚谷河家畜育种公司签订国际科技合作协议。多尔曼教授做了题为"澳大利亚美利奴羊产业概况"的报告。

● 9月22～24日，由中国农业科学院基本建设局主办，研究所承办的2014年基本建设现场培训交流会在兰州召开。来自全院35个单位及农业部机关服务局、中国热带农业科学院、农业部管理干部学院、中国水产科学研究院、农业部规划设计研究院、农业部农业机械化技术开发推广总站、中国农业大学等单位的基建管理人员共70余人参加了培训。

● 9月25～27日，中国农业科学院基建局副局长周霞、农业部计划司于慧梅处长一行到张掖基地进行调研。

● 9月28日，研究所在大洼山试验基地举行了第八届职工运动会。

● 9月29日，在新中国成立65周年前夕，研究所所长杨志强、党委书记刘永明、副所长阎萍带领党办人事处及办公室有关人员走访慰问了新中国成立前参加工作的老干部和老党员。

● 10月9日，军事医学科学院夏咸柱院士和中国兽医药品监察所段文龙研究员应邀到所进行学术交流。夏院士做了题为《生物技术等外来人畜共患病》的报告，段文龙研究员做了题为《新兽药研发应注意的几个问题》的报告。

● 10月9日，农业部兽用药物创制重点实验室和甘肃省新兽药工程重点实验室第一届学术委员会第三次会议在研究所召开。

● 10月10~11日，杨志强所长赴北京参加中国国际农业促进会暨动物福利国际协会合作委员会第一届第二次常务理事会，并参加动物福利与畜禽产品质量安全高层论坛。

● 10月17日，甘肃省农业科学院副院长李敏权一行3人来所调研，并就科技平台建设、人才队伍建设等方面进行了交流。

● 10月30日，由研究所承担的"十二五"国家科技支撑计划"新型动物药剂创制与产业化关键技术研究"在北京顺利通过科技部组织的项目论证，项目负责人张继瑜研究员等参加了论证会。

● 10月31日，研究所与西班牙海博莱公司签订科技合作协议。重点在动物疫病的综合防治技术研究与应用领域联合共建实验室、合作研究和人员交流等方面开展合作。

● 11月4日，研究所召开理论学习中心组学习会，集中学习了十八届四中全会《决定》及相关社论。

● 11月4日，研究所举行学习十八届四中全会精神辅导报告会，邀请甘肃省委党校法学教研部主任张佺仁教授为全体职工做了题为《法治中国建设的若干前沿问题》报告。

● 11月6日，研究所主持的农业科技成果转化资金项目"抗禽感染疾病中兽药复方新药'金石翁芍散'的推广应用"通过中国农业科学院组织的验收。"金石翁芍散"是研究所取得的第一个国家三类中兽医复方新兽药。

● 11月17日，研究所2项发明专利"一种防治猪气喘病的中药组合物及其制备和应用"和"一种治疗猪流行性腹泻的中药组合物及其应用"成功转让四川江油小寨子生物科技有限公司。

● 11月19日，国家千人计划专家张志东博士应邀到研究所做了题为"应用共聚焦技术探究口蹄疫病毒的致病机理"的报告。

● 11月20日，塔里木大学党委书记王选东教授一行6人到研究所访问。双方就校所合作的途径和内容等进行了交流。

● 11月27日，民盟兰州牧药所支部召开换届会议，会议选举产生了民盟兰州牧药所第三届支部委员会。

● 12月5日，研究所举办青年专家学术报告会，郭宪副研究员等青年科技工作者做了专题报告。

● 12月9日，甘肃省科技重大专项项目"甘南牦牛藏羊良种繁育基地建设及健康养殖技术集成示范""防治奶牛繁殖病中药研究与应用"和甘肃省科技支撑计划项目"防治猪病毒性腹泻中药复方新制剂的研制""牧草航天诱变品种（系）选育"通过了甘肃省科技厅组织的会议验收。

● 12月10日，杨志强所长赴北京参加中国农业科学院公益性科研单位分类改革通报会。会议初步确定我所为全院10个公益二类研究所之一。

● 12月11日，中国农业科学院副院长李金祥、基建局副局长周霞及验收专家组一行6人对研究所综合实验室建设项目进行了项目验收，验收专家组一致同意该项目通过竣工验收。杨志强所长、刘永明书记及项目组全体成员参加了验收会议。

● 12月12日，研究所试验基地（张掖）建设项目和兽用药物创制重点实验室建设项目获得农业部批复，获批经费分别为2 180万元和825万元。

● 12月15日，西班牙海博莱公司奶牛乳房炎防治技术研发团队成员罗杰和瑞卡德博士来华与研究所进行了为期3天的技术合作交流。

● 12月15～16日，研究所举行2014年度科研项目总结汇报会。

● 12月17日，科技部农村科技司农业处处长许增泰、副处长李树辉到研究所就"十三五"科技工作重点需求进行调研。

● 12月17日，中国农业科学院科技局局长梅旭荣来所调研农业部兽用药物创制重点实验室和甘肃省中兽药工程技术研究中心运行情况。

● 12月19日，中科院百人计划引进人才杨其恩博士应邀到研究所做了题为"生殖干细胞自我更新和分化的分子机制研究"的学术报告。

● 12月20日，中国农业科学院研究生院刘荣乐副院长、培养处汪勋清处长、教育办温洋副处长、秦方老师一行来所调研。

● 12月21日，研究所举行了2014年度专业学位硕士研究生论文答辩报告会，4名应届毕业生顺利通过了学位论文答辩。

● 12月22日，兰州市人民政府召开2013—2014年度科学技术奖励大会。研究所"新型兽用纳米载药技术的研究与应用"获得2013年度兰州市技术发明一等奖，梁剑平同志荣获2014年度兰州市科技功臣提名奖。

● 12月24日，研究所大洼山林场警务室揭牌仪式在大洼山综合试验站举行。

● 12月25日，甘肃省文明办副主任仇颖琦带领省市两级文明办有关部门负责人对研究所创建全国文明单位工作进行了检查验收。测评组对研究所文明创建工作给予高度评价，认为研究所文明创建工作扎实有序，资料翔实，职工活动丰富多彩，文明创建工作成效显著。

● 12月25～26日，杨志强所长列席兰州市第十五届人大常委会第二十二次会议。

● 12月30日，杨志强所长主持召开2014年度工作人员考核会议，考核评选出优秀职工30名，文明职工5名，文明班组5个，文明处室2个。

● 12月30日，刘永明书记主持召开研究所2014年度部门暨中层干部考核述职大会。会上，刘永明书记向全体职工通报了研究所关于撤销房产管理处、药厂及调整任免部分中层领导的决定。

第八部分　职工名册

一、在职职工名册

序号	姓名	性别	出生年月	参加工作时间	党群关系	学历学位	行政职务	专业技术职务	所在处室	备注
1	杨志强	男	1957.12	1982.02	党员	大学	所　长	研究员		党委副书记
2	刘永明	男	1957.05	1980.12	党员	大学	书　记	研究员		副所长工会主席
3	张继瑜	男	1967.12	1991.07	党员	博士	副所长	研究员		党委委员纪委书记
4	阎　萍	女	1963.06	1984.10	党员	博士	副所长	研究员		党委委员
5	赵朝忠	男	1964.03	1984.07	党员	大学	主　任	副　研	办公室	
6	陈化琦	男	1976.10	1999.07	党员	大学	副主任	副　研	办公室	
7	李世宏	男	1974.05	1999.07	党员	大学		副　研	办公室	
8	张小甫	男	1981.11	2008.07	党员	硕士		助　研	办公室	
9	符金钟	男	1982.10	2005.06	党员	硕士		助　研	办公室	
10	陈云峰	男	1961.10	1977.04		高中		技　师	办公室	
11	韩　忠	男	1961.10	1978.12		大学		技　师	办公室	
12	罗军	男	1967.12	1982.10	党员	大专		技　师	办公室	
13	康　旭	男	1968.01	1984.10		大专		高级工	办公室	
14	王学智	男	1969.07	1995.06	党员	博士	处　长	副　研	科技处	
15	曾玉峰	男	1979.07	2005.06	党员	硕士	副处长	助　研	科技处	
16	周　磊	男	1979.05	2006.08	党员	硕士		助　研	科技处	
17	师　音	女	1983.03	2008.03	党员	硕士		助　研	科技处	
18	刘丽娟	女	1988.07	2014.07	党员	硕士			科技处	新职工
19	吕嘉文	男	1978.08	2001.08		硕士		助　研	科技处	
20	樊　堃	男	1961.03	1977.04		高中	主　科	实验师	科技处	
21	张　彬	男	1973.11	1995.11		大专		助实师	科技处	

（续表）

序号	姓名	性别	出生年月	参加工作时间	党群关系	学历学位	行政职务	专业技术职务	所在处室	备注
22	赵四喜	男	1961.10	1983.08	九三	大学		编审	编辑部	
23	魏云霞	女	1965.07	1987.07	九三	博士		副研	编辑部	
24	程胜利	男	1971.03	1997.07	民盟	硕士		副研	编辑部	
25	王贵兰	女	1963.03	1986.07		大学		助研	编辑部	
26	杨保平	男	1964.09	1984.07		大学		助研	编辑部	
27	肖玉萍	女	1979.11	2005.07	党员	硕士		助研	编辑部	
28	王华东	男	1979.04	2005.07		硕士		助研	编辑部	
29	杨振刚	男	1967.09	1991.07	党员	大学	处长	副研	党办人事处	党委委员
30	荔霞	女	1977.10	2000.09	党员	博士	副处长	副研	党办人事处	
31	吴晓睿	女	1974.03	1992.12	党员	大学	副主科	副研	党办人事处	
32	牛晓荣	男	1958.02	1975.04	党员	大专	主科	高级实验师	党办人事处	
33	贾永红	女	1960.10	1977.03	党员	大学		实验师	党办人事处	
34	席斌	男	1981.04	2004.07	党员	硕士		助研	党办人事处	
35	黄东平	男	1961.06	1979.12		高中		技师	党办人事处	
36	陆金萍	女	1972.06	1996.07	党员	大学		副研	党办人事处	
37	肖堃	女	1960.08	1977.06	党员	大学	处长	会计师	条财处	
38	巩亚东	男	1961.06	1978.10	党员	大专	副处长	实验师	条财处	
39	王昉	女	1975.07	1996.06	党员	大学		高级会计师	条财处	
40	陈靖	男	1982.10	2008.06	党员	硕士		助研	条财处	
41	李宪华	女	1972.05	2010.07	党员	硕士		助研	条财处	
42	邓海平	男	1983.10	2009.06		硕士		助研	条财处	
43	张玉纲	男	1972.01	1995.11	党员	大学	副主科	助研	条财处	
44	宋青	女	1969.05	1990.08		高中		技师	条财处	
45	郝媛	女	1976.04	2012.07	党员	大学		研实员	房产处	
46	张书诺	男	1956.02	1980.12		大专	主科	高级实验师	条财处	

序号	姓名	性别	出生年月	参加工作时间	党群关系	学历学位	行政职务	专业技术职务	所在处室	备注
47	杨宗涛	男	1962.09	1982.02		高中		技师	条财处	
48	孔繁矼	男	1959.07	1976.06		大专	处　长	副　研	房产处	
49	张　顼	女	1964.02	1982.12	党员	高中		实验师	房产处	
50	冯　锐	女	1970.07	1994.08		大专	副主科	助实师	房产处	
51	刘　隆	男	1959.11	1976.12	党员	高中	主　科	助实师	房产处	
52	赵　雯	女	1975.10	1996.11		大专		助实师	房产处	
53	李建喜	男	1971.10	1995.06		博士	主　任	研究员	中兽医	
54	严作廷	男	1962.08	1986.07	九三	博士	副主任	研究员	中兽医	
55	潘　虎	男	1962.10	1983.08	党员	大学	副主任	副　研	中兽医	
56	郑继方	男	1958.12	1983.08		大学		研究员	中兽医	
57	罗超应	男	1960.01	1982.08	党员	大学		研究员	中兽医	
58	李宏胜	男	1964.10	1987.07	九三	博士		研究员	中兽医	
59	李新圃	女	1962.05	1983.08	民盟	博士		副　研	中兽医	
60	罗金印	男	1969.07	1992.10		大学		副　研	中兽医	
61	吴培星	男	1962.11	1985.05	党员	博士		副　研	中兽医	
62	苗小楼	男	1972.04	1996.07		大学		副　研	中兽医	
63	李锦宇	男	1973.10	1997.07	党员	大学		副　研	中兽医	
64	谢家声	男	1956.06	1974.12	党员	大专		高级实验师	中兽医	
65	孟嘉仁	男	1956.10	1980.12		中专		实验师	中兽医	
66	王东升	男	1979.09	2005.06	九三	硕士		助　研	中兽医	
67	董书伟	男	1980.09	2007.07	党员	硕士		助　研	中兽医	
68	王旭荣	女	1980.04	2008.06		博士		助　研	中兽医	
69	张　凯	男	1982.10	2008.06	党员	硕士		助　研	中兽医	
70	张世栋	男	1983.05	2008.07	党员	硕士		助　研	中兽医	
71	王胜义	男	1981.01	2010.07	党员	硕士		助　研	中兽医	
72	张景艳	女	1980.12	2009.06		硕士		助　研	中兽医	
73	王贵波	男	1982.08	2009.07	党员	硕士		助　研	中兽医	
74	秦　哲	女	1983.03	2012.07	党员	硕士		助　研	中兽医	
75	辛蕊华	女	1981.01	2008.06		硕士		助　研	兽药室	

（续表）

序号	姓名	性别	出生年月	参加工作时间	党群关系	学历学位	行政职务	专业技术职务	所在处室	备注
76	尚小飞	男	1986.09	2010.07	党员	硕士		助 研	中兽医	
77	杨 峰	男	1985.03	2011.06		硕士		助 研	中兽医	
78	王 慧	男	1985.10	2012.07	党员	硕士			中兽医	
79	王 磊	女	1985.09	2012.07	党员	硕士			中兽医	
80	孔晓军	男	1982.12	2013.07	党员	硕士			中兽医	
81	崔东安	男	1981.03	2014.07	党员	博士			中兽医	新职工
82	梁剑平	男	1962.05	1985.10	九三	博士	副主任	研究员	兽药室	
83	李剑勇	男	1971.12	1995.06	党员	博士	副主任	研究员	兽药室	
84	蒲万霞	女	1964.10	1985.07	九三	博士		研究员	兽药室	
85	罗永江	男	1966.09	1991.07	九三	大学		副 研	兽药室	
86	程富胜	男	1971.08	1996.07	党员	博士		副 研	兽药室	
87	周绪正	男	1971.07	1994.06		大学		副 研	兽药室	
88	陈炅然	女	1968.10	1991.10	党员	博士		副 研	兽药室	
89	牛建荣	男	1968.01	1992.10	党员	硕士		副 研	兽药室	
90	王 玲	女	1969.10	1996.09		硕士		副 研	兽药室	
91	尚若峰	男	1974.10	1999.04	党员	博士		副 研	兽药室	
92	王学红	女	1975.12	1999.07	九三	硕士		高级实验师	兽药室	
93	魏小娟	女	1976.12	2004.07	党员	硕士		助 研	兽药室	
94	郭志廷	男	1979.09	2007.05		硕士		助 研	兽药室	
95	刘 宇	男	1981.08	2007.06		硕士		助 研	兽药室	
96	郭文柱	男	1980.04	2007.11	党员	硕士		助 研	兽药室	
97	李 冰	女	1981.05	2008.06	党员	硕士		助 研	兽药室	
98	杨亚军	男	1982.09	2008.04	党员	硕士		助 研	兽药室	
99	郝宝成	男	1983.02	2010.06		硕士		助 研	兽药室	
100	刘希望	男	1986.05	2010.07	党员	硕士		助 研	兽药室	
101	王娟娟	女	1982.06	2014.07	党员	博士			兽药室	新职工
102	杨 珍	女	1989.05	2014.07	党员	硕士			兽药室	新职工
103	高雅琴	女	1964.04	1986.08	党员	大学	主 任	研究员	畜牧室	
104	梁春年	男	1973.12	1997.07	党员	博士	副主任	副 研	畜牧室	

（续表）

序号	姓名	性别	出生年月	参加工作时间	党群关系	学历学位	行政职务	专业技术职务	所在处室	备注
105	杨博辉	男	1964.10	1986.07	民盟	博士		研究员	畜牧室	
106	孙晓萍	女	1962.11	1983.08	九三	大学		副研	畜牧室	
107	朱新书	男	1957.06	1983.08	党员	大学		副研	畜牧室	
108	杜天庆	男	1963.12	1989.11	民盟	硕士		副研	畜牧室	
109	郭宪	男	1978.02	2003.07	党员	博士		副研	畜牧室	
110	郭天芬	女	1974.06	1997.11	民盟	大学		副研	畜牧室	
111	丁学智	男	1979.03	2010.07		博士		副研	畜牧室	
112	郭健	男	1964.09	1987.07	九三	大学		高级实验师	畜牧室	
113	牛春娥	女	1968.10	1989.12	民盟	硕士		高级实验师	畜牧室	
114	李维红	女	1978.08	2005.06	党员	博士		高级实验师	畜牧室	
115	郎侠	男	1976.06	2003.07		博士		助研	畜牧室	
116	刘建斌	男	1977.09	2004.06		硕士		助研	畜牧室	
117	王宏博	男	1977.06	2005.06	党员	硕士		助研	畜牧室	
118	裴杰	男	1979.09	2006.06		硕士		助研	畜牧室	
119	包鹏甲	男	1980.09	2007.06	党员	硕士		助研	畜牧室	
120	岳耀敬	男	1980.10	2008.07	党员	硕士		助研	畜牧室	
121	褚敏	女	1982.09	2008.07	党员	硕士		助研	畜牧室	
122	郭婷婷	女	1984.09	2010.07	党员	硕士		助研	畜牧室	
123	熊琳	男	1984.03	2010.07	党员	硕士		助研	畜牧室	
124	冯瑞林	男	1959.06	1976.03		大专		实验师	畜牧室	
125	梁丽娜	女	1966.03	1987.08		中专		实验师	畜牧室	
126	杨晓玲	女	1987.01	2013.07	党员	硕士			畜牧室	
127	袁超	男	1981.04	2014.07	党员	博士			畜牧室	新职工
128	时永杰	男	1961.12	1982.08	党员	大学	处长	研究员	草饲室	
129	李锦华	男	1963.08	1985.07	党员	博士	副主任	副研	草饲室	
130	常根柱	男	1956.03	1974.12	党员	大普		研究员	草饲室	
131	王晓力	女	1965.07	1987.12	党员	大学		副研	草饲室	
132	田福平	男	1976.09	2004.07	党员	硕士		副研	草饲室	

序号	姓名	性别	出生年月	参加工作时间	党群关系	学历学位	行政职务	专业技术职务	所在处室	备注
133	张怀山	男	1969.04	1991.12		硕士		助研	草饲室	
134	路远	女	1980.03	2006.06	党员	硕士		助研	草饲室	
135	杨红善	男	1981.09	2007.06	党员	硕士		助研	草饲室	
136	张茜	女	1980.11	2008.06	党员	博士		助研	草饲室	
137	王春梅	女	1981.11	2008.06		硕士		助研	草饲室	
138	胡宇	男	1983.09	2010.06	党员	硕士		助研	草饲室	
139	杨晓	男	1985.02	2010.07		硕士		助研	草饲室	
140	周学辉	男	1964.10	1987.07	党员	大学		实验师	草饲室	
141	朱新强	男	1985.07	2011.06	党员	硕士			草饲室	
142	贺洞杰	男	1987.10	2013.07		硕士			草饲室	
143	苏鹏	男	1963.04	1984.07	党员	大学	主任	副研	后勤	
144	张继勤	男	1971.11	1994.07	党员	大学	副主任	副研	后勤	
145	李誉	男	1982.12	2004.08		大专		助研	后勤	
146	魏春梅	女	1966.06	1987.07	民盟	中专		实验师	后勤	
147	王建林	男	1965.05	1987.07		中专	副主科	实验师	后勤	
148	戴凤菊	女	1963.10	1986.08	党员	大学	副主科	实验师	后勤	
149	张梅	女	1962.10	1986.09		中专		实验师	后勤	
150	李志斌	男	1972.03	1995.07		大专		实验师	后勤	
151	游昉	男	1956.12	1974.05	党员	高中	主科	会计师	后勤	
152	白本新	男	1955.10	1973.12		高中		技师	后勤	
153	马安生	男	1960.01	1978.12		高中		技师	后勤	
154	周新明	男	1958.04	1976.03		高中		技师	后勤	
155	梁军	男	1959.12	1977.04		高中		技师	后勤	
156	刘庆平	男	1959.08	1976.03		高中		技师	后勤	
157	郭天幸	男	1961.12	1983.07		高中		技师	后勤	
158	杨克文	男	1957.03	1974.12		高中		技师	后勤	
159	徐小鸿	男	1959.07	1976.03		高中		技师	后勤	
160	屈建民	男	1958.02	1975.03		高中		技师	后勤	
161	雷占荣	男	1963.08	1983.04		初中		技师	后勤	
162	张金玉	男	1959.06	1976.04		高中		高级工	后勤	

（续表）

序号	姓名	性别	出生年月	参加工作时间	党群关系	学历学位	行政职务	专业技术职务	所在处室	备注
163	柴长礼	男	1957.04	1975.03		高中		高级工	后　勤	
164	路瑞滨	男	1960.05	1982.12		高中		高级工	后　勤	
165	刘好学	男	1962.06	1982.10		高中		高级工	后　勤	
166	杨建明	男	1964.06	1983.06		高中		高级工	后　勤	
167	王小光	男	1965.05	1984.10	党员	高中		高级工	后　勤	
168	陈宇农	男	1965.10	1984.10		高中		高级工	后　勤	
169	杨世柱	男	1962.03	1983.07	党员	硕士	副处长	副　研	基地处	
170	董鹏程	男	1975.01	1999.11	党员	博士	副处长	副　研	基地处	
171	王　瑜	男	1974.11	1997.09	党员	硕士	正科级	助　研	基地处	
172	李润林	男	1982.08	2011.07	党员	硕士		助　研	基地处	
173	朱海峰	男	1958.02	1975.03		大学		助　研	药　厂	
174	焦增华	女	1978.11			硕士		助　研	药　厂	
175	汪晓斌	男	1975.09	2005.06		大专		助　研	药　厂	
176	赵保蕴	男	1972.05	1990.03	党员	大专		实验师	药　厂	
177	李　伟	男	1963.03	1980.11		中专		畜牧师	基地处	
178	李　聪	男	1959.10	1977.04		大专		助实师	基地处	
179	郑兰钦	男	1959.07	1976.03	党员	高中	主　科		基地处	
180	朱光旭	男	1959.11	1976.03	党员	大专		技　师	基地处	
181	肖　华	男	1963.11	1980.11		高中		技　师	基地处	
182	王蓉城	男	1964.05	1983.10		大专		技　师	基地处	
183	毛锦超	男	1964.02	1986.09		高中		技　师	基地处	
184	李志宏	男	1965.08	1986.09		高中		高级工	基地处	
185	韩福杰	男	1962.12	1987.07	九三	大学		助　研	其　他	
186	陈　功	男	1965.11	1991.08		博士		助　研	其　他	
187	关红梅	女	1960.09	1976.03	九三	大学		助　研	其　他	
188	张　凌	女	1962.12	1977.01	党员	大学		经济师	其　他	
189	钱春元	女	1962.12	1979.11	党员	中专		馆　员	其　他	
190	薛建立	男	1964.04	1981.10		初中		中级工	基地处	
191	张　岩	男	1970.09	1987.11		中专		中级工	其　他	
192	焦　硕	男	1955.06	1976.10	九三	大学		副　研	其　他	
193	宋中枢	男	1958.08	1976.09	党员	大学		副　研	其　他	

二、退休职工名册

序号	姓名	性别	出生年月	参加工作时间	党群关系	学历学位	行政职务	专业技术职务	原所在处室	退休时间
1	常玉兰	女	1958.12	1976.03		高中		实验师	畜牧室	2013.12
2	齐志明	男	1954.02	1978.10		大普		副研	中兽医	2014.02
3	代学义	男	1954.03	1970.11	党员	初中		技师	党办人事处	2014.03
4	宋瑛	男	1959.06	1976.03	党员	高中	主科	助实师	条财处	2014.05
5	王成义	男	1954.06	1978.09	党员	大普	正处待遇	高级畜牧师	条财处	2014.05
6	常城	男	1954.07	1970.04		大专		高级实验师	其他	2014.07
7	方卫	男	1954.10	1972.12	党员	初中		技师	后勤	2014.10
8	翟仲伟	男	1954.10	1970.12		初中		高级工	房产处	2014.10
9	张玲	女	1959.11	1976.03		大专		馆员	科技处	2014.11
10	华兰英	女	1959.11	1976.03		高中		实验师	兽药室	2014.11

三、部门人员名册

部门	工作人员
所领导（4人）	杨志强　刘永明　张继瑜　阎萍
办公室（9人）	赵朝忠　陈化琦　李世宏　符金钟　张小甫　陈云峰　罗军　韩忠　康旭
科技处（15人）	王学智　曾玉峰　周磊　师音　刘丽娟　吕嘉文　樊堃　张彬　魏云霞　赵四喜　程胜利　杨保平　肖玉萍　王华东　王贵兰
党办人事处（8人）	杨振刚　荔霞　吴晓睿　牛晓荣　贾永红　席斌　黄东平　陆金萍
条件建设与财务处（16人）	肖堃　巩亚东　王昉　张玉纲　陈靖　宋青　李宠华　邓海平　郝媛　张琐　刘隆　冯锐　赵雯　张书诺　杨宗涛　孔繁矼
草业饲料室（15人）	时永杰　李锦华　常根柱　王晓力　田福平　张怀山　路远　杨红善　张茜　王春梅　杨晓　胡宇　周学辉　朱新强　贺洞杰
畜牧研究室（25人）	高雅琴　梁春年　杨博辉　朱新书　孙晓萍　杜天庆　郭宪　丁学智　郭健　牛春娥　郭天芬　李维红　冯瑞林　郎侠　刘建斌　王宏博　裴杰　包鹏甲　岳耀敬　褚敏　郭婷婷　熊琳　梁丽娜　杨晓玲　袁超
中兽医（兽医）研究室（29人）	李建喜　严作廷　潘虎　郑继方　罗超应　李宏胜　李新圃　罗金印　吴培星　苗小楼　李锦宇　谢家声　孟嘉仁　王东升　董书伟　王旭荣　张凯　张世栋　王胜义　张景艳　王贵波　秦哲　辛蕊华　尚小飞　杨峰　王慧　王磊　孔晓军　崔东安

（续表）

部门	工作人员						
兽药研究室 （21人）	梁剑平 王　玲 杨亚军	李剑勇 尚若峰 郝宝成	蒲万霞 王学红 刘希望	罗永江 魏小娟 王娟娟	程富胜 郭志廷 杨　珍	周绪正 刘　宇	陈炅然 郭文柱	牛建荣 李　冰
后勤服务中心 （26人）	苏　鹏 游　昉 徐小鸿 王小光	张继勤 白本新 屈建民 陈宇农	李　誉 马安生 雷占荣	魏春梅 周新明 张金玉	王建林 梁　军 柴长礼	戴凤菊 刘庆平 路瑞滨	张　梅 郭天幸 刘好学	李志斌 杨克文 杨建明
基地管理处 （16人）	杨世柱 李　伟	董鹏程 李　聪	王　瑜 郑兰钦	李润林 朱光旭	朱海峰 肖　华	焦增华 王蓉城	汪晓斌 毛锦超	赵保蕴 李志宏
其他（9人）	韩福杰 焦　硕	陈　功	关红梅	张　凌	钱春元	薛建立	张　岩	宋中枢